水资源管理与污水处理：
环境工程新方法与实践

师铁军　著

辽宁科学技术出版社
·沈　阳·

图书在版编目（CIP）数据

水资源管理与污水处理：环境工程新方法与实践 /
师铁军著. -- 沈阳 : 辽宁科学技术出版社, 2024.1
ISBN 978-7-5591-3353-3

Ⅰ. ①水… Ⅱ. ①师… Ⅲ. ①水资源管理②污水处理
Ⅳ. ①TV213.4②X703

中国国家版本馆CIP数据核字(2023)第250860号

出版发行：辽宁科学技术出版社
　　　　　（地址：沈阳市和平区十一纬路 25 号 邮编：110003）
印 刷 者：河北万卷印刷有限公司
经 销 者：各地新华书店
幅面尺寸：170 mm × 240 mm
印　　张：15.25
字　　数：210 千字
出版时间：2024 年 1 月第 1 版
印刷时间：2024 年 1 月第 1 次印刷
责任编辑：凌　敏
封面设计：优盛文化
版式设计：优盛文化
责任校对：李　红

书　　号：ISBN 978-7-5591-3353-3
定　　价：88.00 元

联系电话：024-23284363
邮购热线：024-23284502
E-mail：lingmin19@163.com

前　言

　　随着全球人口的不断增长和经济的快速发展，水资源管理和污水处理变得越来越重要。为了保护和合理利用水资源，环境工程需要不断创新和发展。本书旨在介绍当前环境工程领域的最新方法和实践，以应对水资源管理和污水处理领域的新挑战。

　　第一章介绍环境工程学与可持续发展的基本概念，探讨环境工程在实现可持续发展目标的过程中所起的作用。第二章重点介绍环境工程领域的新方法，讨论基于生物技术和物理化学技术的环境工程学创新方法，以提高污水处理效果并减少污水对环境的负面影响。第三章探讨水资源管理的方法与实践，介绍生态文明理念下的水资源管理原则，以及水资源规划管理和水资源质量管理的内容与方法。第四章重点介绍污水处理的方法与技术，探讨污水的预处理技术、生物处理方法、物理化学处理方法和化学处理方法等，为读者提供全面的污水处理方面的知识。第五章展望水资源管理与污水处理的未来发展趋势，探讨智能化的水资源管理和污水处理的新技术，并介绍集成水资源管理的重要性。第六章通过实践案例来展示水资源管理与污水处理的实际应用，分析水资源管理和污水处理的实践案例，以帮助读者更好地理解理论与实践相结合的过程。

　　本书旨在为环境工程领域的学者、工程师和研究人员提供一本综合性的参考资料，以促进水资源管理和污水处理领域的创新和发展。希望本书能够激发读者的思考，并为解决水资源管理和污水处理方面的实际问题提供有益的指导和启示。希望本书能够为读者在水资源管理和污水处理领域的研究和实践工作提供有价值的帮助。

目 录

第一章 环境工程与水资源管理、污水处理

第一节 环境工程学与可持续发展

一、环境工程学基础内容与研究领域

环境工程学是一门综合性的学科，其核心目标是通过利用工程原理、生物学、化学和物理学的知识，设计和实施预防环境问题的解决方案。环境工程师的工作可能涉及各种不同的领域，包括水和废物的处理、空气质量的改善、土壤质量的提升和环境政策的设计。[①]

在水和废物处理领域，环境工程学的主要任务是设计和优化水处理和废水处理设施。水处理主要指从水源（如河流、湖泊或地下水）取水并通过物理、化学和生物过程将其净化为可供人们饮用的水的过程。这一过程可能包括沉淀、过滤、消毒等操作。废水处理则旨在净化来自工业、农业和居民区的废水，以便将其安全地送回自然环境或重复利用。这可能涉及生物处理过程（如活性污泥法）或化学处理过程（如氧化或沉淀）。

环境工程学的另一项重要工作是改善空气质量。这涉及控制大气中

---

① 林海龙，李永峰，王兵. 基础环境工程学[M]. 哈尔滨：哈尔滨工业大学出版社，2013：12.

的污染物，如颗粒物、有害气体和温室气体等。这项工作可能包括开发并优化排放控制技术，如烟囱气体洗涤器和催化剂的研发，也包括设计并实施清洁能源解决方案。此外，环境工程师还可能参与空气质量建模和健康风险评估工作，以帮助制定空气质量标准和政策。

在土壤质量提升领域，环境工程学的任务可能包括设计和实施土壤修复方案，以清除或降低土壤中的污染物含量。这可能包括物理过程（如挖掘和替换污染土壤）、化学过程（如添加化学物质以中和或沉淀污染物）和生物过程（如使用微生物分解有机污染物）。

环境工程学也涉及环境政策的设计。这可能包括政策评估和提出建议，以减少污染物的排放、鼓励可持续发展的实践、保护生物多样性并应对气候变化。这类工作可能需要人们了解环境影响评估、风险评估和成本效益分析的知识。

综上所述，环境工程学是一个复杂而多元化的学科，它利用科学和工程的原理来解决环境问题并提升生态环境质量。通过在各个领域的努力，环境工程学为人们生活环境的改善做出了贡献。

二、可持续发展基本概述

（一）可持续发展的定义和目标

可持续发展是一个具有深远影响的概念，它鼓励社会在保护环境、提高居民生活质量和经济发展之间找到平衡。定义可持续发展是一个多元和复杂的任务，因为它既涉及现在的需要，也影响未来几代人的福祉。被普遍认可的可持续发展的定义来自 1987 年正式出版的《我们共同的未来》——一份由联合国世界环境与发展委员会以书籍形式完成的报告。该报告对可持续发展的定义是"满足当前的需要而不损害未来几代人满足自己需要的能力"。

这个定义揭示了可持续发展的两个基本要素：一是需求，特别是世界贫困人口的基本需要；二是对未来生活质量的考虑，特别是对自然资源的使用。可持续发展并非只关注环境保护，也与社会公正和经济发展密切相关。换句话说，可持续发展是建立在三大支柱上的：环境、社会和经济。

环境可持续发展致力于保护和管理自然资源，以确保地球的生物圈能够维持生态平衡。具体措施包括减少污染、保护生物多样性、减少温室气体排放、提高能源效率，以及管理和回收废物。而社会可持续发展则关注人类的健康、幸福和公平。其具体实现路径包括提供基本的健康护理服务和教育资源、保护人权、维护社会公平等。最后，经济可持续发展关注的是经济活动对社会福利和环境的影响。其具体实现路径包括支持创新和竞争、提高生产效率、实现公平贸易，以及促进绿色经济。

为了实现可持续发展，联合国在 2015 年提出了一组明确的全球目标，被称为可持续发展目标（Sustainable Development Goals，SDGs），共有 17 个可持续发展目标和 169 个子目标。这些目标覆盖了如消除贫困和饥饿、实现健康和教育、实现性别平等、确保清洁水和卫生设施、促进清洁能源发展、应对气候变化等多个议题。这些目标是相互关联的，不仅关注人类的福祉，还关注地球的健康。

虽然可持续发展的概念已被广泛接受，但在实际应用中，仍面临着许多挑战。这些挑战包括如何衡量和追踪可持续发展的进程，如何在不同国家和地区实施可持续发展策略，如何平衡环境、社会和经济的需求，以及如何应对全球性的问题，如气候变化和生物多样性丧失等。解决这些问题需要全球合作和持续创新。

总的来说，可持续发展是一个宏大的愿景，旨在建立一个公平、繁荣且环境友好的世界。通过可持续发展，可以满足我们当前的需要，同时确保有能力满足未来几代人的需要。这虽然是一个巨大的挑战，但通过全球合作、创新和决心，我们有可能实现这个目标。

（二）可持续发展的三个维度：环境、社会和经济

可持续发展有三个维度：环境、社会和经济。这三个维度相互关联，共同构成可持续发展的内涵，并在可持续发展的理论和实践中起着重要的作用。可持续发展在这三个维度上的实现情况，在很大程度上决定了可持续发展最终能否成功。

环境维度的可持续发展关注地球生态系统的健康和可持续性。这涉及保护自然环境、减少污染、维持生物多样性以及管理地球的自然资源（包括土地、水、能源和生物资源）等措施。环境的可持续性需要人们用负责任的态度来管理和使用自然资源，以减少对环境的影响，并确保未来的生物圈可以持续滋养生命。通过减少废物排放、使用可再生能源、保护野生动植物以及建立保护区来保护重要的自然区域。

社会维度的可持续发展关注公平、公正和人类的福祉。社会的可持续性取决于社会治理能力的强弱，能够在满足社会成员当前需求的同时，保持和改善人们的生活质量，为未来的几代人提供良好的生活环境，是社会治理能力强的表现。具体实现路径包括普及教育、倡导性别平等、维护和平、维护公正与法治，以及进行可持续城市和社区建设等。

经济维度的可持续发展则关注经济活动对环境和社会的影响。经济的可持续性是指一个国家或地区持续地积累足够的物质财富，以满足其居民的需求，同时不损害环境和社会的可持续性的能力。具体实现路径包括创新、进行基础设施的建设、倡导负责任的消费和生产，以及努力实现经济增长等。支持绿色经济、提高资源和能源利用效率、减少污染以及维护公平的就业环境等，是确保经济的可持续性可以采用的有效举措。

环境、社会和经济这三个维度是紧密相连、互相影响的。环境的状况直接影响社会的福祉和经济的繁荣。反过来，社会和经济方面的行为也会影响环境的健康。因此，要实现可持续发展，就必须在环境、社会和经济之间找到平衡，以确保所有的决策和行为都是在促进整个系统的健康和可持续性的大前提下进行的。

总的来说，可持续发展的三个维度，为人们提供了一个框架，帮助人们理解并应对可持续发展面临的挑战。这个框架鼓励人们在思考问题和寻找解决方案时，要考虑到环境、社会和经济这三个方面，并且在这三者之间寻找平衡。只有这样，才能实现真正的可持续发展，创造出一个公平、繁荣且环境友好的世界。

（三）可持续发展的基本原则

可持续发展的基本原则内容如下。

1. 公平性原则

可持续发展的公平性原则旨在确保发展过程中的公正，维护社会正义，以满足当下和未来世代的需求。这组原则强调在经济、社会和环境方面实现平衡，并确保资源和机会的公平分配。代际公正是可持续发展的核心原则之一，它要求当前世代的发展不能以牺牲未来世代的权益为代价。在可持续发展的背景下，人们需要保护和维护自然资源和生态系统的完整性，以确保未来世代也能够享受可持续发展的权益。社会公正是另一个重要的原则，它强调消除贫困和不平等，确保所有人都能平等地参与建设，分享可持续发展的成果。这意味着社会要提供平等的基本服务和社会保障，保护弱势群体的权益，并创造平等的发展机会。区域公正是为了减少地区间的发展差距，确保各地区都能享有公平的发展机会和资源分配。这涉及边缘地区和弱势群体的发展，减少贫困和不平等现象的出现。性别公平也是公平性原则中重要的一部分，它要求消除性别歧视，确保女性在决策、资源分配和发展机会方面享有平等权益。具体实现路径包括推动性别平等的政策和措施，鼓励女性参与社会建设等。尊重文化多样性也是可持续发展公平性原则的重要方面，它要求尊重和保护不同文化，确保各种文化都能在可持续发展的进程中得到平等对待和尊重。这涉及传统文化的保护、文化交流和保护文化多样性等工作。

可持续发展的公平性原则是确保发展过程公平公正，维护社会正义的重要原则。只有贯彻落实代际公正、社会公正、区域公正、性别公平和尊重文化多样性，人们才可以实现可持续发展的目标，并为当前和未来世代创造一个公平、平等和包容的世界。

2. 可持续性原则

可持续性原则倡导在经济、社会和环境层面实现持久发展。这组原则旨在平衡当前需求和未来世代的需求，以确保经济、社会和环境的可持续性。在经济层面，可持续性原则强调经济增长与资源的有效利用和公平分配相结合，避免过度消耗和浪费，推动绿色经济的发展。在社会层面，可持续性原则关注社会公正、人权、健康、教育和包容性发展。它强调保持社会的稳定和进步，提高生活质量，推动社会公平的实现。在环境层面，可持续性原则侧重于保护自然资源、生物多样性和生态系统的完整性。它强调减少环境污染和生态破坏，推动对可再生能源的利用，鼓励可持续的土地利用和资源管理。可持续性原则的核心是平衡经济、社会和环境的发展，以满足当前的需求，同时为未来世代创造一个可持续发展、繁荣且公正的世界。这些原则提供了指导和框架，以实现全球可持续发展为目标，并致力于解决人们在当今时代所面临的诸多挑战。

3. 共同性原则

虽然由于各国和各地区的地理、文化差异及发展阶段的不同，可持续发展的策略和步骤可能有所区别，但其核心目标和所遵循的公平性、持续性原则是一致的。所有这些都是为了推动人类社会与自然之间的和谐共存。尽管具体实践可能不同，但实现可持续发展的总体目标和基本原则是普遍适用的，最终目标都是人与自然的和谐发展。因此，可持续发展的共同性原则主要涵盖两个方面：①共同的发展目标，即保护地球生态系统的稳定，并以最有效的方式提升全人类的福祉；②行动的共同性，考虑到许多环境问题并不受国界限制，全球性的合作势在必行，而且全球经济的不均衡发展是世界各国皆需面对的问题。

（四）可持续发展的基本思想

可持续发展的基本思想内容如下。

1. 突出强调发展的主题

发展，是人类共同的和普遍的权利，无论发达国家还是发展中国家都享有平等的、不容剥夺的发展权利，特别是对于发展中国家，发展权尤为重要。因此应把消除贫困当作实现可持续发展的一项不可缺少的条件。对于发展中国家来说，发展是第一位的，只有发展才能为解决贫富悬殊、人口剧增和生态环境问题提供必要的技术和资金，同时逐步实现现代化并最终摆脱贫穷、愚昧和肮脏。

2. 可持续发展以自然资源为基础

可持续发展强调发展同环境承载能力相协调，追求生态效益。自然资源和良好的生态环境是人类生存和社会发展的物质基础和基本前提。可持续发展要求节约资源，保证以可持续的方式使用资源；降低自然资源的耗费速度；保护整个生命支持系统和生态系统的完整性，保护生物的多样性；预防和控制环境污染，根治全球性的环境污染问题。一句话，要把发展与保护生态环境紧密相连，在保护生态环境的前提下寻求发展，在发展的基础上改善生态环境。只注重经济效益而不顾社会效益和生态效益的发展，绝不是人类期盼的发展。

3. 可持续发展承认自然环境的价值

这种价值不仅体现在环境对经济系统的支持和服务价值上，还体现在环境对生命支持系统而言不可缺少的存在价值上。人们应当把生产中环境资源的投入计入生产成本和产品价格之中，并逐步修改、完善国民经济核算体系。产品价格应当完整地反映自然资源的价值。因此，产品价格应完整地反映三部分成本：①资源开发或获取的成本；②与开采、获取、使用有关的环境成本；③由于今天使用了这一部分资源而不能为后人所利用的效益损失，即用户成本。产品销售价格则应是这些成本加上利税及流通费用的总和。否则，环境保护仍然只能得到口头上的重视而不会在各项工作中被真正落实。

可持续发展的实现以适宜的政策和法律体系为条件。可持续发展强调"综合决策"和"公众参与"，因此需要改变过去各个部门封闭地、分隔地、"单打一"分别制定和实施经济、社会、环境政策的做法，而代以根据周密的社会、经济、环境和科学原则，全面的信息和综合的要求来制定政策并予以实施的方式。可持续发展的原则要贯穿经济发展、人口、环境、资源、社会保障等各项立法及重大决策的过程之中。

可持续发展认为发展与环境是一个有机整体。《里约环境与发展宣言》强调"为实现可持续发展，环境保护工作应当是发展进程的一个整体组成部分，不能脱离这一进程来考虑"。可持续发展把环境保护作为最基本目标之一，也作为衡量发展质量、发展水平和发展程度的宏观标准之一。

三、环境工程在可持续发展中的角色

环境工程技术和策略在支持可持续发展方面扮演着重要角色。以下是一些具体的方式。

（一）优化资源利用

水资源是地球上宝贵的自然资源之一。然而，人类社会的快速发展和生产活动的扩大，导致水资源问题日益凸显。水资源的短缺、污染和分配不均等问题，已经成为全球关注的焦点。为了解决这些问题，环境工程师要设计并建造更有效的水处理和分配系统，以减少水资源的浪费，确保水资源被合理利用。这些系统的设计和建造，需要工程师利用先进的工程技术和科学原理，以达到提高水资源使用效率、减少污染物排放、保护水源环境的目的。

同时，废物管理也是环境工程的重要组成部分。随着人类社会的发展，废物的产生量正在以惊人的速度增加，如果不能对其进行有效管理，将对环境和公众健康构成巨大威胁。因此，环境工程师也会致力于研究和开发新的废物管理和回收技术。他们的工作不仅是优化现有的废物处理方法，还包括寻求将废物转化为有用的资源的方法，以实现对废物的再利用。这不仅可以大大减少废物的产生量，减轻废物对环境造成的压力，还可以节省资源，提高资源利用率。

另外，环境工程师的工作也涉及对其他自然资源的管理和利用，包括土地、能源、矿产等。他们利用各种工程技术和管理策略，力求实现高效、清洁、安全地利用资源的目标，以促进可持续发展。

（二）减少环境污染

在环境工程中，技术被广泛运用，以避免或减轻各种类型的环境污

染。环境污染的类型包括但不限于空气污染、水污染和土壤污染。

具体来说，环境工程师会运用专业知识和技能设计污水处理装置，以降低和控制水质污染。这些设施将有效处理生活污水、工业污水以及农业污水等各类废水，去除其中的有害物质，防止污染物流入河流、湖泊或海洋，避免对生态系统产生不良影响。环境工程师设计的这些装置不仅能处理污水，还能回收部分资源，如含磷、氮等元素的营养物质。

除此之外，环境工程师还会不断开发新的净化技术，以应对日益严重的空气污染问题。这些技术有的可能会专注于捕获和处理工业过程中产生的有害排放物，如二氧化硫、氮氧化物、颗粒物等；有的会致力于改进现有的燃料使用方式，以降低其对环境的影响；还有的会结合更为清洁的能源，如太阳能、风能等，以保护环境。而针对土壤污染，环境工程师可以研究土壤修复技术，如生物修复、化学修复等，以去除或稳定土壤中的有害物质，恢复土壤的生态功能。此外，环境工程师还会致力于开发预防性的技术和策略，以避免因废弃物处理、农业活动或工业生产等活动对土壤造成污染。

（三）应对气候变化

气候变化现象已成为全球关注的焦点，其影响涵盖环境、经济、社会和政治等各个领域。在这个背景下，环境工程师的角色变得尤为重要。他们不仅要开发和实施解决方案，以应对由气候变化引发的各种环境问题，还要努力降低人类活动对气候变化的影响。例如，环境工程师可以设计可再生能源装置，以减少温室气体的排放，防止全球变暖趋势的加剧。可再生能源包括太阳能、风能、水能等，相比于传统的石油、煤炭等化石燃料，它们不会在使用过程中产生二氧化碳等温室气体。环境工程师的工作不仅是设计这类装置，还包括对其性能进行优化，提高其能源转换效率，减少能源消耗和废物排放。

此外，环境工程师还会研究如何适应气候变化并帮助落实具体方法。例如，他们可能会参与到城市的规划和设计中，以帮助城市适应海平面上升和极端天气事件频发所带来的变化。他们可以通过提出增强基础设施建设的方案、设计防洪系统、建设海堤等方式，保护城市和人民的安全。

在应对极端天气事件方面，环境工程师也会发挥重要作用。例如，他们设计早期预警系统，并推动落实系统的建设，以减少极端天气带来的危害。他们还可能会设计并帮助建造应对暴风雨、洪水、干旱等极端天气的基础设施。

（四）支持绿色经济

环境工程师在支持绿色经济发展方面发挥着重要作用。他们通过开发环保技术引导并推动产业转型，以构建更加可持续的经济模式。

在这方面，一个重要的领域就是清洁能源。环境工程师致力于探索更有效利用太阳能、风能、水能、地热能等可再生资源的方法。例如，研究新型太阳能电池板，以提高光电转换效率，或者开发更优的风力发电设备，提高能源利用率。环境工程师还可能致力于创新储能技术，解决可再生能源供应不稳定的问题。

提高现有设施的效率和可持续性也是环境工程师的重要工作。这项工作包括：对传统工业生产流程的优化，如改善燃料利用率，减少能源浪费；推广节能设备和技术，如使用高效照明，更新空调系统；优化废物处理和回收利用技术，如开发更高效的回收和分离技术，提高资源的循环利用率。

环境工程师还要参与环保政策的制定和实施，为绿色经济的发展提供制度保障。他们可能会提供技术支持，对政策方案进行科学评估，保证其科学性和可行性。他们还可以通过参与公众教育和培训工作等方式，提高公众的环保意识，使绿色消费观念更加深入人心。

第二节　水资源管理概述

一、水资源的重要性

水资源的重要性一般体现在以下几个方面。

（一）生命之源

水是生命之源。水的重要性，不仅体现在人们每天生活的各个方面，还体现在更深远的层次上，它在地球上所有生命体的生存和发展过程中都扮演着不可或缺的角色。

对于大多数生物来说，水是维持生命活动必不可少的物质。无论单细胞生物还是复杂的多细胞生物，水都是它们的重要组成部分。水也是许多重要生化反应所需的介质，如蛋白质、核酸、多糖等生物大分子的合成，都是在水的参与下进行的。

水是地球生态系统的重要组成部分。在自然界，水通过水循环系统，在大气、地表、地下和生物体内循环，维持了生态系统的平衡。例如，水体为各种水生生物提供了生存环境；湿地为鸟类和其他生物提供了繁殖和栖息地；雨水滋润了土壤，促进了植物的生长。

对于人类社会来说，水满足了人们饮用、洗涤、烹饪等生活需求，也是农业、工业和电力生产所需的关键资源。

（二）文明的摇篮

水是生命的源泉，更是人类文明进步的推动力。历史上，人类的文明常常起源于大河流域。世界四大文明古国（中国、古印度、古埃及以及古巴比伦），都是在大河附近的平原上发展起来的。尼罗河孕育了古埃及的兴盛，底格里斯河和幼发拉底河见证了古巴比伦的繁荣，恒河孕育了古印度的辉煌，黄河与长江则是华夏文明的发源地。从古至今，人口密集、经济发达的地区大都紧邻河流湖泊。相比之下，水源匮乏的沙漠地带就人口稀少，经济发展也相对落后。由此可见，水不仅是生命的必需品，还是人类文明的摇篮。

（三）社会发展的重要支撑

水资源是社会经济发展过程中不可缺少的自然资源，与人类社会的进步与发展紧密相连，是人类社会和经济发展的基础与支撑。

"水是社会发展的重要支撑"这句话，深刻地阐释了水资源在社会发展中的重要地位。它不仅对生命的维系起着重要的作用，还在人们的经济活动中发挥了无可替代的作用。水是农业生产的基础。在传统农业中，农民依赖雨水来灌溉庄稼。在现代农业中，人们构建了灌溉系统，更高效地利用水资源提高农作物的产量。没有水，就无法保证农业生产活动的顺利进行，也就无法满足人们对食物的需求。水是工业生产的关键要素。许多工业领域，如冶金、化工、纺织、电力等领域的工业生产过程，都需要大量的水来进行冷却、清洗或作为原料。没有水，这些工业生产活动就无法进行。

（四）生态环境的基本要素

生态环境是由各种生物和它们的生活环境组成的系统，而水则是这个系统中基本的要素之一，对生态系统的稳定运行起着至关重要的作用。

水是所有生物生存和繁衍的基础，可以调节生物体温，充当营养物质和废物的运输工具，以及为重要化学反应提供所需的场所。没有水，地球上的生命就无法存在，生态环境也无法形成。水是地球生态循环的重要组成部分，通过降雨、地表流动、蒸发和植物蒸腾等过程，在大气、地表和生物体内进行循环。这个被称为"水循环"的过程，维持了地球生态系统的稳定和健康。水是许多生态系统的重要组成部分，例如，湖泊、河流、湿地和海洋都是以水为主要组成部分的生态系统。这些生态系统中的生物在水中生活，同时影响着水体的质量。

水资源是构建健康的生态环境的资源基础。水资源不足的地区，如我国的华北和西北的干旱、半干旱地带，其生态环境往往较为脆弱。在这些水资源匮乏的地方，随着人口的增多和经济的发展，原本就紧缺的水资源可能会进一步减少，进而导致一系列的生态环境问题的发生。例如，草原可能会逐渐退化，沙漠面积可能会扩大，水体可能会缩小，生物的种类和种群数量可能会减少。这些都说明，水资源能直接影响生态环境。

二、水资源管理的特征

水资源管理是指对水资源进行合理使用和保护的一系列活动，以最大限度提高水资源的经济和社会效益，同时保护和改善水环境，保障生态系统的健康和持久。水资源管理涵盖了水的获取、分配、使用、保护和回收等环节，并涉及气候变化、生态保护、公共卫生、社会公正等众多因素。

水资源管理的特征包括以下几点。

其一，综合性。水资源管理需要考虑到自然、经济、社会、政治和技术等多方面因素，涉及多个部门和领域，需要进行跨领域、跨学科的综合分析和决策。

其二，动态性。水资源的情况会随着自然环境的变化、社会经济的发展和技术的进步而变化。因此，水资源管理系统必须有前瞻性和动态性，以适应和应对这些变化。

其三，区域性。水资源的分布具有明显的区域性。因此，水资源管理需要人们根据具体的地理环境、气候条件、社会经济情况和文化背景，制定并实施适合当地的策略和措施。

其四，公共性。水资源是公共资源，对其的利用和保护关系着所有人的利益。因此，水资源管理必须注重公众参与，保障公众的知情权、参与权和监督权，实现水资源的公平利用。

其五，可持续性。水资源管理旨在实现水资源的可持续利用，既要满足当前的需要，又不能损害未来的利益，需要在经济发展、社会进步和环境保护之间找到平衡。

三、水资源管理的意义

水资源作为基础的自然资源，为人类社会进步及社会经济发展提供了物质保障。然而，由于水资源的固有特性，如有限性和不均匀的分布，加上气候条件的变化以及人类对水资源的不合理利用，当下人们在使用水资源的过程中面临着诸多问题。包括但不限于水资源短缺、严重的水污染、洪涝灾害频繁、地下水过度开采、水资源开发和管理不善、水资源浪费严重，以及水资源开发和利用不够合理。这些问题不仅限制了水资源的可持续发展，还妨碍了社会经济的可持续发展和人民生活质量的进一步提高。因此，保护和管理水资源是实现经济与社会可持续发展的重要保障。

（一）能够缓解和解决各类水资源问题

水资源管理是解决当前面临的诸多水资源问题的有效途径。有效的水资源管理策略和保护措施能够显著缓解并解决水资源短缺、水污染严重、洪涝灾害频繁、地下水过度开发、水资源管理不善、水资源浪费严重以及水资源开发利用不合理等问题。

1. 水资源短缺的问题

人们可以通过科学的水资源规划、合理的水价制度设计和节水技术的推广，提高水资源的利用效率，减少无效用水和水资源的浪费，保障水资源的可持续利用。同时，人们还需要开发新的水资源，如利用再生水、开发雨水资源、海水淡化等。

2. 水污染严重的问题

加强源头控制，严格落实排污许可和环境执法制度。同时，建设完善的污水处理设施，提高污水处理能力和处理效率，确保废水达标排放，保护水质安全。

3. 洪涝灾害频繁的问题

人们可以通过科学的洪水管理，如加强水库、堤防等防洪设施的建设，提高防洪标准等方式，加强洪水预警和防洪救灾能力，降低洪涝灾害损失。

4. 地下水过度开发的问题

实施科学的抽水管理和地下水保护策略，例如，设置合理的开采限额，实施开采许可制度，加强对地下水开采的监测和管理，保护地下水资源。同时，水资源管理不善也会系统地影响地下水开发情况。解决这一问题可以从以下几点入手：建立健全水资源管理制度和机构；加强水资源的法律法规建设；提高水资源管理的科学化和规范化水平。

5. 水资源浪费严重的问题

推广节水意识，普及推广节水技术和节水设备，实施合理的水价制度，通过经济激励和法律约束，引导各类用户节约用水。

6. 水资源开发利用不合理的问题

进行全面的水资源调查评价，科学规划水资源的开发和利用，实现水资源的合理配置和高效利用，满足各种用水需求，同时保护和改善水环境，实现水资源的可持续发展。

（二）提高人们的水资源管理和保护意识

实施水资源管理不仅具有直接的实质性效益（如改善水质、保障供水安全等），还有助于提升人们的水资源管理和保护意识，进一步形成良好的水资源保护氛围。

当水资源管理作为一个公共政策被实施的时候，其目标、策略和方法必然会通过各种渠道传递给社会公众。在这一过程中，公众对于水资源的重要性、水资源的现状及其面临的问题、如何有效管理和保护水资源等的认识会得到提升。这种提升并非单纯地理解知识，而是能够引发自身对个人行为和生活方式的反思深度的提升，并能进一步转化为积极参与水资源保护的行动。

此外，水资源管理的实施往往会涉及公众的参与。例如，制定水资源保护法规时，政府可能需要征询公众意见；在执行水资源保护计划时，有关机构可能需要公众的协助和监督；在推广节水技术和理念时，公众是直接的受众。这种参与使公众有机会直接面对水资源问题，理解其复杂性和多样性，并对水资源保护的重要性产生更深刻的认识。

水资源管理策略包括一定的教育和宣传内容。例如，通过媒体宣传水资源保护的重要性，通过学校教育传播节水知识，通过公众活动推广节水行为等。这些宣传教育活动能够深化公众对水资源问题的理解，增强他们的保护意识。

落实水资源管理工作，可以让人们在提高水资源利用效率的同时，也能提升自身的水资源管理和保护意识，形成社会广泛参与的水资源保护氛围，为实现水资源可持续利用，保障水资源安全，打下坚实基础。

（三）保证人类社会的可持续发展

水是生命之源。它不仅在生命活动中不可缺少，还在人类社会发展历程中起着关键作用。水养育了最初的文明，推动了社会的进步，保障了人们日常生活的正常运行。本章中，笔者也提到过，无论农业灌溉、工业生产还是日常生活，水都发挥着无可比拟的重要作用。因此，有效地保护和管理水资源，对于人类社会的可持续发展至关重要。

对水资源的保护与管理进行深入研究，以找到最佳的水资源保护与使用策略，是人们必须认真对待的任务。在科学研究的指导下，人们应建立起合理的、科学的水资源保护和管理模式。这个模式不仅要考虑到当前的用水需求，而且要对未来的情况做出预测、做好准备，这就是人们所说的可持续开发利用。

实现水资源的可持续开发利用，意味着人们需要在满足人类当前需求的同时，保证后代的需求也能得到满足。这样不仅可以确保人类的生存、生活和生产需求得到满足，还可以维护生态环境的健康。这里所说的生态环境并不仅限于自然环境，还包括各种人造环境，如城市、农田等。它们都需要稳定、可靠的水源才能正常运作。

上述目标的实现，将为人类社会的可持续发展提供坚实的基础。一个稳定可靠的水资源供应系统，无论对于个体生活，还是对于整个社会的运行，都是至关重要的，也只有在满足了这一基础需求的前提下，人们才能寻求更高层次的发展，如提高生活质量，提高生产效率，保护生态环境，实现可持续发展。因此，人们必须将水资源保护和管理工作作为首要任务来对待，投入必要的精力和资源，用科学的方法，实现水资源的可持续开发利用。

第三节　污水处理概述

一、污水的来源

污水有各种不同的来源，主要包括以下几类。

（一）居民生活

生活污水是居民日常生活中排出的废水。洗浴、洗涤、冲洗厕所、洗碗等活动所产生的废水构成了生活污水的主要组成部分。在这些活动中，水被使用，并不可避免地被污染。

当人们洗澡或洗头时，会使用洗浴用品，因此废水中含有洗涤剂、沐浴露、香皂和洗发水等清洁产品的残留物。清洗衣物、床上用品、毛巾时，产生了洗涤废水。在洗涤过程中，洗涤剂、柔顺剂和衣物上的污渍进入废水中。厕所冲洗水中往往混有人体排泄物、纸张等。

综上所述，生活污水是居民生活中常见的污水来源之一，涉及洗浴、洗涤、冲洗厕所等多种活动。对生活污水进行适当处理是确保环境卫生和公共健康的关键步骤。科学的污水处理工艺，可以去除污水中的污染物或降低其含量，确保其被安全排放，维护公共卫生，构建健康环境。

（二）工业和商业活动

工厂、工业园区以及部分商业设施（如餐厅、酒店、商场）也是产生污水的主要场所。工业和商业活动，会产生大量的废水，其中含有各种化学物质，如重金属、有机溶剂、油脂等。

在制造业的工业生产过程中，会产生大量废水，这些废水可能来自生产线、冷却系统和废弃物处理装置等，工业废水中常含有各种化学物质，如酸碱溶液、溶剂、金属盐、重金属和有机化合物等，这些化学物质可能会对水体和生态系统造成污染。加工厂通常与食品、纺织、造纸等行业有关，也会产生相应的废水。例如，食品加工厂产生的废水可能含有食物残渣、油脂、调味料和清洗剂等；纺织工厂的废水可能含有染料、助剂和纺织物纤维等；造纸工厂则会产生含有纸浆、纸张涂层和漂白剂等物质的废水。这些废水中的化学物质和有机溶剂需要进行适当的处理，以防对环境和水体造成污染。工业园区是集中安置各种工业设施和企业的区域，因此也会产生大量废水。工业园区的废水来源多样，生产过程中的洗涤、冷却以及排泄物处理等环节，都有可能产生废水。废水中的重金属和有机溶剂等化学物质，可能会对环境和公共卫生安全构成潜在威胁。因此，对工业园区的废水进行适当的处理和管理至关重要。

（三）农业活动

农业活动是另一个重要的废水来源。在农业生产过程中，农田灌溉、养殖场养殖和农产品加工等环节，都会产生大量的废水，并带有特定的污染物。

农田灌溉是为了满足农作物对水的需求而进行的水源供给活动。然而，灌溉水可能含有农药和化肥等农业投入品的残留。使用农药是为了保护农作物，使用化肥则是为了提供养分促进农作物生长。灌溉水中的这些化学物质流入土壤和地下水中，就可能对环境造成污染。养殖场是饲养动物的场所，也是产生废水的场所之一。养殖过程中，会产生大量含有动物粪便和尿液的废水。农产品加工过程中也会产生废水。在食品加工厂、酿酒厂、果汁厂等场所，处理农产品的过程中会产生可能含有农产品残渣、榨汁过程中的液体残渣等物质的废水。此外，一些在农产品加工过程中使用的清洗剂等化学物质也会进入废水。

农业活动产生的废水对环境和水资源具有潜在的不良影响。其中，农药、化肥等污染物可能会流入土壤和水体，对生态系统和生物多样性造成威胁。因此，对农业废水的适当处理和管理同样至关重要。这包括采用合适的处理技术，如沉淀、过滤、生物处理和化学处理等，以去除污染物或降低废水中的污染物浓度，保护水体和生态系统的健康。

（四）雨水径流

当降雨发生时，雨水流经城市和农田，携带着各种污染物，形成了雨水径流。这些污染物包括道路上的油污、垃圾，农田中的农药、化肥等。

在城市环境中，道路上的油污、车辆排放物、固体废弃物等，会随着雨水被冲刷到排水系统中。这些污染物可能来自汽车尾气、工业废气、建筑工地和市民活动等。此外，城市中的垃圾也会被雨水带走，最终进入河流、湖泊和海洋等水体。降雨过程中，空气中的灰尘和大气中的化学污染物还可能溶解在雨水中进入水体。这些污染物可能来自工业排放、燃烧等，会对水体质量和生态环境构成潜在威胁。

（五）建筑工地

建筑工地的施工活动也是废水产生的重要源头。在施工过程中，混凝土搅拌、建筑材料清洗以及土壤冲洗等活动都会产生大量的废水。建筑材料清洗废水是在建筑材料的使用过程中产生的废水，如砖块、钢筋和其他建筑材料的清洗过程。这些材料在运输和使用的过程中可能会附着泥土、灰尘和其他污染物，需要进行清洗。清洗中产生的废水里含有泥浆和化学物质残留等。土壤冲洗废水是在基础施工过程中产生的废水。土壤可能被污染物覆盖，需要进行清洗以确保建筑基础的牢固性。土壤冲洗废水中可能含有泥浆、污染物（如重金属和其他有毒有害物质）等。

（六）公共设施和医疗机构

公共设施（如学校、办公大楼、体育场馆）和医疗机构（如医院、诊所等），在日常运行过程中也会产生废水，其中含有多种化学物质，包括药物残留等。学校、办公大楼和体育场馆产生的废水通常包含清洁、排泄、排遗等活动所产生的废水，这些废水可能含有清洁剂、洗涤剂和其他化学物质。医疗机构产生的废水更加复杂，在这些机构的废水中，可能含有药物残留、消毒剂和生物医疗废弃物等，这些物质会对环境和公众卫生安全构成潜在的威胁。

二、污水水质指标

污水中所含污染物因污水的来源不同而千差万别，工程师可以通过检测和分析，定性、定量地确定污水水质。国际通用的反映污水水质的指标可以分为物理性指标、化学性指标和生物性指标三大类。主要有生物化学需氧量（Biochemical Oxygen Demand, BOD）、化学需氧量（Chemical Oxygen Demand, COD）、总需氧量、悬浮物含量、总有机碳含量、有机碳含量、pH、有毒物质含量、细菌总数、大肠菌数、溶解氧含量等。下面就详细介绍污水水质指标。

（一）污水的物理性质及指标

表示污水物理性质的主要指标是水温、色度、臭味、固体含量，以及泡沫等。

1. 水温

污水的水温，对污水的物理性质、化学性质及生物性质都有直接的影响。水温是污水水质的重要物理性质指标之一。

我国幅员辽阔，但有统计资料表明，各地的生活污水年平均温度差别不大，均在 10 ～ 20 ℃这一范围内。工业废水中的生产污水水温与生产工艺有关，变化很大。故城市污水的水温与排入排水系统的生产污水的性质、所占比例有关。污水的水温过低（如低于 5 ℃）或过高（如高于 40 ℃）都会影响污水的生物处理效果。工业废水常引起水体热污染现象，造成水中溶解氧减少，加速耗氧反应，最终导致水体缺氧或水质恶化。

2. 色度

色度是一种感官性指标。纯净的天然水一般是无色的，水的色度来源于金属化合物或有机化合物，含有有机化合物或金属化合物等有色污染物的污水会呈现出各种颜色，影响观感。生活污水的颜色常呈灰色。但当污水中的溶解氧含量降低至零时，污水中的有机物就会在缺氧条件下腐败发酵，导致水色转呈黑褐色并发出臭味。工业废水中的生产污水的色度视工矿企业的性质而异，差别极大，印染、造纸、农药、焦化、冶金，以及化工等行业的生产污水都有各自的特殊颜色。色度往往让人观感不佳。

色度可因悬浮固体、胶体或溶解物质而形成。因悬浮固体而形成的色度称为表色。因胶体或溶解物质而形成的色度称为真色。水的颜色用色度作为指标。

3. 臭味

臭味也是一种感官性指标。纯净的天然水是无臭无味的，水的异臭来源于还原性硫和氮的化合物、挥发性有机物和氯气等污染物质。水体受到污染后会产生异样的气味。还原性硫、挥发性有机物和氯气等污染物会使水发出异臭，而不同盐分也会使水产生不同的异味。生活污水的臭味主要由有机物腐败产生的气体造成。工业废水的臭味主要由挥发性化合物造成。

臭味大致有鱼腥臭 [胺类，如 CH_3NH_2、$(CH_3)_3N$]、氨臭（氨 NH_3）、腐肉臭 [二元胺类，如 $NH_2(CH_2)_4NH_2$]、腐蛋臭（硫化氢 HS）、腐甘蓝臭 [有机硫化物 $(CH_3)_2S$]、粪臭（甲基吲哚 $C_8H_5NHCH_3$），以及某些生产污水的特殊臭味。

臭味让人感觉不佳，甚至会危害身体健康，引起呼吸困难、胸闷、呕吐等症状。因此臭味也是污水物理性质的主要指标。

4. 固体含量

固体物质按存在形态的不同可分为悬浮的、胶体的和可溶解的 3 种；按性质的不同可分为有机物、无机物与生物体 3 种。固体含量用总固体量作为指标。把一定量水样在 105 ～ 110 ℃烘箱中烘干至恒重，所得的重量即为总固体量。

水中所有残渣的总和称为总固体（Total Solids, TS），总固体包括溶解固体物质（Dissolved Solids, DS）和悬浮固体物质（Suspended Solids, SS），后者或被称为悬浮物。水样经过滤后，滤液蒸干所得的固体即为溶解固体，滤渣脱水烘干后即悬浮固体。溶解性固体是水中的盐类，悬浮固体是水中不溶解的固态物质。

悬浮固体中，粒径在 0.1 ～ 1.0 μm 的颗粒被称为细分散悬浮固体；粒径大于 1.0 μm 的颗粒被称为粗分散悬浮固体。把水样用滤纸过滤后，取下被滤纸截留的滤渣，在温度 105 ～ 110 ℃ 的烘箱中烘干至恒重，所得重量称为悬浮固体；滤液中存在的固体物即胶体和溶解固体。悬浮固体中，有一部分可在沉淀池中沉淀，形成沉淀污泥，称为可沉淀固体。悬浮固体也由有机物和无机物组成，故又可分为挥发性悬浮固体（Volatile Suspended Solids, VSS）和非挥发性悬浮固体（Non-volatile Suspended Solids, NVSS）两种。

水体含盐量将影响生物细胞的渗透压和生物的正常生长；悬浮固体将可能造成水道淤塞；挥发性固体是水体有机污染的重要来源。

（二）污水的化学性指标

1. 有机物指标

有机物指标用于衡量水体有机污染的程度。生活污水中含有大量有机物，主要来自人类排泄物及生活活动所产生的洗涤污物、食物残屑、动植物残片等。生活污水中的有机物主要是碳水化合物、蛋白质、尿素，以及脂肪；组成元素是碳、氢、氧、氮和少量的硫、磷、铁等。

食品加工、饮料制造等行业的工业废水中的有机物成分与生活污水中的基本相同，其他工业废水所含有机物种类繁多，主要有动植物纤维、油脂、糖类、有机酸等。

有机物在微生物的作用下最终分解为简单的无机物、二氧化碳和水等。这些有机物在分解过程中需要消耗大量的氧，因此是耗氧有机污染物。耗氧有机污染物是使水体产生黑臭的主要因素之一。有机物具有下述危害：①消耗溶解氧，恶化水质，破坏水体；②抑制水生生物，破坏水生生态；③滋生微生物，传播疾病；④有毒有机物直接危害人体健康和水生生物生长；等等。

污水中有机污染物种类繁多，组成较复杂，现有技术很难逐个测定各类有机物的含量，也没有必要。在实际工作中人们通常利用有机物的共性，用某种指标间接反映其含量。例如，一般利用有机污染物易被氧化的特性，采用生物化学需氧量、化学需氧量作为测定指标，或者采用总有机碳（Total Organism Carbon, TOC）、总需氧量（Total Oxygen Demand, TOD）、总氮、总磷、总硫等主要元素含量作为指标来反映水中有机物的含量。

下面讨论生物化学需氧量、化学需氧量、总有机碳和总需氧量等主要有机物指标，其他指标请参阅有关资料。

（1）生物化学需氧量。水中有机污染物被好氧微生物分解时所需的氧量称为生物化学需氧量（简称生化需氧量，以 mg/L 为单位）。它反映了在有氧的条件下，水中可生物降解的有机物的量。生化需氧量越高，表示水中需氧有机污染物越多。有机污染物被好氧微生物氧化分解的过程，一般可分为两个阶段：第一阶段主要是有机物被转化成二氧化碳、水和氨；第二阶段主要是氨被转化为亚硝酸盐和硝酸盐。污水的生化需氧量通常只指第一阶段有机物生物氧化所需的氧量。微生物的活动与温度有关，测定生化需氧量时一般以 20 ℃作为测定的标准温度。一般生活污水中的有机物需 20～100 天才能基本上完成第一阶段的分解氧化过程，即测定第一阶段的生化需氧量至少需 20 天时间，这在实际工作中有一定困难。

目前常以 5 天作为测定生化需氧量的标准时间，简称 5 日生化需氧量（BOD_5）。据实验研究（见图 1-1），一般生活污水有机物的 5 日生化需氧量约为第一阶段生化需氧量的 70%，其他工业废水的 5 日生化需氧量在第一阶段生化需氧量中所占比例，与这一数值相比或相差较大或比较接近，不能一概而论。

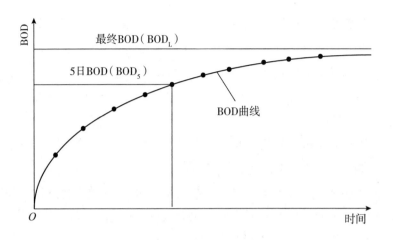

图 1-1　BOD_L 与 BOD_5 的关系

（2）化学需氧量。用化学方法氧化分解污水水样中的有机物，在这一过程中所消耗的氧化剂的量折合成的氧量（O_2）就被称为化学需氧量（以 mg/L 为单位）。COD 的测定原理是在酸性条件下，用强氧化剂将有机物氧化成二氧化碳和水，在这一过程中所消耗的氧量，即化学需氧量。常用的氧化剂有重铬酸钾（$K_2Cr_2O_7$）和高锰酸钾（$KMnO_4$）。采用重铬酸钾作为氧化剂测定出的化学耗氧量，即重铬酸盐指数，用 COD_{Cr} 表示，简称 COD；采用高锰酸钾测定出的化学耗氧量，成为高锰酸盐指数，用 COD_{Mn} 表示，简称 OC。我国规定的废水检验标准采用重铬酸钾作为氧化剂，在酸性条件下进行测定。化学需氧量越高，表示水中有机污染物越多。高锰酸钾的氧化能力比重铬酸钾弱，测得的耗氧量也较低。

COD 的优点是能较精确地表示污水中有机物的含量，测定时间仅需数小时，且不受水质的限制。缺点是不能像 BOD 那样反映出微生物氧化有机物的情况，不能直接从卫生学角度阐明水被污染的程度；此外，因为污水中存在的还原性无机物（如硫化物）被氧化也会消耗氧，所以 COD 值也存在一定的误差。

如果污水中有机物的组成相对稳定，那么它的化学需氧量和生化需氧量之间会有一定的比例关系，生活污水通常在 0.4 ～ 0.5。一般来说，重铬酸钾化学需氧量与第一阶段生化需氧量之差，可以粗略表示不能被需氧微生物分解的有机物量。差值越大，难被微生物分解的有机物含量越多，越不宜采用生物处理法。因此，BOD_5 与 COD 的比值，可作为污水是否适于采用生物处理的判别标准。因此，人们把 BOD_5 与 COD 的比值称为可生化性指标，比值越大，越容易被生物处理。一般认为比值大于 0.3 的污水，才适于采用生物处理方法。

（3）总需氧量（TOD）。总需氧量指有机物彻底氧化所消耗的氧量。其测定原理是向含氧量已知的气体载体中注入一定量的水样，送入以铂为催化剂的特殊燃烧器，在 900 ～ 950 ℃的高温下使水样汽化，其中有机物氧化燃烧并消耗含氧载体中的氧，用电极自动测定并记录气体载体中氧的减少量，作为有机物完全氧化所需要的氧量，称为总需氧量。TOD 的测定仅需几分钟，方便而快捷。

（4）总有机碳（TOC）。该指标以水样所含有机碳的量来间接表示水样中所含的有机物总量。测量过程与 TOD 类似，即在 950℃的高温下，以铂作为催化剂，使水样汽化燃烧，然后测定气体中的二氧化碳含量，从而确定水样中碳元素总量。其与 TOD 的区别在于它是用红外气体分析仪测定水样中有机物在燃烧过程产生的二氧化碳量的方式，折算出其中有机碳的含量，作为总有机碳 TOC 的值。测定仅需要几分钟。

总有机碳包括水样中全部有机污染物的含碳量，也是评价水样有机污染程度的一个综合参数。有机物中除碳元素外，还有氢、氮、硫等元素，当有机物全部被氧化时，碳被氧化为二氧化碳，氢、氮和硫则被氧化为水、一氧化氮、二氧化硫等。这些元素全部被氧化的需氧量称为总需氧量。

TOC 和 TOD 都是利用燃烧反应，前者测定结果以碳量表示，后者则以氧量表示。TOC、TOD 的耗氧过程与 BOD 的耗氧过程有本质不同，而且由于各种水样中有机物质的成分不同，生化过程的差别也较大，各种水质之间 TOC 或 TOD 与 BOD 不存在固定的相关关系。在水质条件基本相同的条件下，BOD 与 TOC 或 TOD 之间存在一定的相关关系。

2.无机性指标

污水中的无机性指标包括植物营养元素含量、pH、重金属含量、含氮化合物和含碳化合物含量等。

（1）植物营养元素。污水中的氮、磷为植物营养元素。从农作物生长角度看，植物营养元素是宝贵的，但过多的含氮、磷元素的化合物进入天然水体易导致其富营养化，令水生植物尤其是藻类大量繁殖，造成水中溶解氧急剧变化，影响鱼类生存，并可能使某些湖泊由贫营养湖发展为沼泽和旱地。

（2）pH。这一指标主要指示水样的酸碱性。pH小于7是酸性；pH大于7是碱性。一般要求处理后污水的pH在6～9之间。天然水体的pH一般为6～9，当天然水体受到酸碱污染时，pH发生变化，水体中生物的生长就会受到抑制，过高或过低的pH甚至会导致水中生物死亡。这样会妨碍水体自净，pH偏高或偏低的水体还可能腐蚀船舶。若天然水体长期遭受酸碱污染，水体就将逐渐酸化或碱化，从而对正常的生态系统产生影响。

（3）重金属。重金属的主要危害如下：重金属具有生物毒性，能抑制微生物生长，使蛋白质凝固；重金属能逐级富集至人体，影响人体健康。重金属主要指汞、镉、铅、铬、镍，以及类金属砷等生物毒性显著的元素，也包括具有一定毒性的一般重金属，如锌、铜、钴、锡等。

重金属是构成地壳的物质，在自然界分布非常广泛。重金属在自然环境的各部分均有本底含量，在正常的天然水中重金属含量均很低，汞的含量在0.001～0.01 mg/L，铬含量小于0.001 mg/L，在河流和淡水湖中铜的含量平均为0.02 mg/L，钴为0.0043 mg/L，镍为0.001 mg/L。

（4）含氮化合物和含磷化合物。如前所述，氮是有机物中除碳以外的另一种主要元素，也是微生物生长所需的重要元素。污水中氮有4种存在形式：有机氮、氨氮、亚硝酸盐氮和硝酸盐氮。含氮化合物的危害主要表现如下：消耗水体中的溶解氧；促进藻类等浮游生物的繁殖，形成水华、赤潮；引起鱼类死亡，使水质迅速恶化；等等。

测定氮含量有以下指标可以参考：①有机氮含量，主要指蛋白质和尿素的含量；② TN（Total Nitrogen），指一切含氮化合物以 N 计量的总称；③ TKN（Total Kjeldahl Nitrogen），指 TN 中的有机氮和氨氮，不包括亚硝酸盐氮、硝酸盐氮；④氨氮，来自有机氮化合物的分解，或直接来自含氮工业废水；⑤ NO_x-N，指亚硝酸盐氮和硝酸盐氮。

磷也是有机物中的主要元素，是仅次于氮的微生物生长所需的重要元素。磷主要来自人体排泄物、合成洗涤剂、牲畜饲养场及含磷工业废水。含磷化合物的危害主要表现如下：促进藻类等浮游生物的繁殖，破坏水体耗氧和复氧平衡；水质迅速恶化，危害水产资源。

含磷化合物包括有机磷和无机磷。有机磷包括磷酸甘油酸、磷肌酸等。无机磷则包括磷酸盐和聚合磷酸盐，前者如正磷酸盐（PO_4^{3-}）、磷酸氢盐（HPO_4^{2-}）、磷酸二氢盐（$H_2PO_4^-$）、偏磷酸盐（PO_3^-）等，后者有焦磷酸盐（$P_2O_7^{4-}$）、三磷酸盐（$P_3O_{10}^{5-}$）、三磷酸氢盐（$HP_3O_9^{2-}$）等。

3. 生物性指标

污水中的微生物来源于生活污水（包括细菌、病毒、寄生虫卵等）、制革屠宰等行业的工业废水（可能携带炭疽杆菌、钩端螺旋体等）及医院污水（带有各种病原体）等。其危害表现在传播疾病、威胁公共卫生安全、导致水体缺氧等方面。

生物性指标主要有两个：细菌总数和大肠菌群数。污水的细菌总数反映了水体的有机污染程度和污水受细菌污染的程度，常以单位数量的污水所含有的细菌个数来表示，单位是个 /mL。例如，饮用水应小于 100 个 /mL；医院所排废水应小于 500 个 /mL。细菌总数不能说明污染的来源，必须结合大肠菌群数来判断水体污染的来源和安全程度。大肠菌群数可说明水体被粪便污染的程度，间接反映污水中肠道致病菌存在的可能性。常以单位数量的污水所含有的大肠菌群数来表示，单位是个 /L。例如，饮用水应小于 3 个 /L；城市所排废水应小于 10000 个 /L；游泳池应小于 1000 个 /L。

下面对污水的水质指标进行小结（见表 1-1）。

表 1-1　常用污水水质指标及其含义

水质指标	污水平均浓度（mg/L）	含义
BOD_5	200	在 20 ℃，微生物氧化分解有机物 5 天所消耗的水中溶解氧量。第一阶段为碳化 (C-BOD)，第二阶段为硝化 (N-BOD)。BOD 的含义与作用如下：①生物能氧化分解的有机物的量；②反映污水和水体的污染程度；③用于判定处理厂处理效果；④用于处理厂设计；⑤污水处理管理指标；⑥排放标准指标；⑦水体水质标准指标
COD_{Mn}	100	用氧化剂氧化水中有机物时所消耗的氧化剂中的氧量。其结果因氧化剂的种类、浓度和酸性条件的不同而不同，常用的氧化剂有 $KMnO_4$ 和 $K_2Cr_2O_7$。COD 测定简便快速，不受水质限制，可以测定含有毒物质的工业废水，是 BOD 的代替指标。COD_{Cr} 可近似看作总有机物量，COD_{Cr} 与 BOD 的差值表示污水中难以被生物分解的有机物量，BOD 与 COD_{Cr} 的比值可以表示污水的可生化性，当 $BOD/COD_{Cr} \geq 0.3$ 时，污水的可生化性较好；当 $BOD/COD_{Cr} < 0.3$ 时，污水的可生化性较差，不宜采用生物处理法
COD_{Cr}	500	
SS	200	水中悬浮物质。测定前先用 2 mm 的筛过滤，之后用孔径为 1 μm 的玻璃纤维滤纸过滤，截留的物质就是 SS。滤液（溶解性物质）和截留的悬浮物质中均含有胶体物质，但大多数情况下，可以认为胶体物质和悬浮物质一样被滤纸截留。 悬浮物质 ┤ 无机物 ┤ 沉淀性 / 非沉淀性；有机物 ┤ 沉淀性 / 非沉淀性 SS 是常用污染指标，是污水处理的主要对象之一，与污泥的生成量有直接关系
TS	700	水样经蒸发烘干后的残留量。溶解性物质的量等于蒸发残留物的量减去悬浮物的量

水质指标		污水平均浓度（mg/L）	含义
灼烧减量	VTS	450	蒸发残留物或悬浮物质在（600±25）℃的条件下经30分钟高温灼烧时挥发的物质，可表示有机物的量。蒸发残留物和灼烧减量的差称为灼烧残渣，表示无机物部分
	VSS	150	
氮	总氮	35	氮在自然界中以各种形态进行循环转换。有机氮(如蛋白质)经水解变为氨基酸，在微生物作用下分解为氨氮，氨氮在硝化细菌作用下转化为亚硝酸盐氮（NO_2^-）和硝酸盐氮（NO_3^-）；另外，NO_2^- 和 NO_3^- 在厌氧条件下在脱氮菌的作用下转化为 N_2。各分项指标间的数量关系如下。 总氮 = 有机氮 + 无机氮 无机氮 = 氨氮 + NO_2^- + NO_3^- 有机氮 = 蛋白性氮 + 非蛋白性氮 凯氏氮 = 有机氮 + 氨氮 氮是细菌繁殖不可缺少的元素，当工业废水含氮量不足时，采用生物处理时需要人为补充氮；不过，氮也是引发水体富营养化污染的元素之一
	有机氮	15	
	氨氮	20	
	亚硝酸盐氮	0	
	硝酸盐氮	0	
磷	总磷	10	粪便、洗涤剂、肥料之中含有较多的磷。污水中也存在磷酸盐和聚磷酸等无机磷酸盐，还有磷脂等有机磷酸化合物。磷同氮一样，也是污水生物处理所必需的元素，但也是能引发封闭性水体的富营养化污染的元素
	有机磷	3	
	无机磷	7	
pH		6.5 ~ 7.5	生活污水的 pH 为 7 左右，强酸或强碱性的工业废水排入会引起 pH 变化；异常的 pH 或 pH 变化很大，会影响生物处理的效果。另外，采用物理化学处理方法时，pH 也是重要的操作条件
碱度（$CaCO_3$）		100	碱度表示污水中和酸的能力，通常用 $CaCO_3$ 含量来表示，污水碱度上升多为 $Ca(HCO_3)_2$ 和 $Mg(HCO_3)_2$ 所致。碱度较高缓冲能力强，可部分抵消污水硝化反应中碱性物质的消耗。碱度较高有利于在污泥硝化过程中缓冲超负荷运行引起的酸化作用，有利硝化过程稳定进行

三、污水的去处

为防止污染环境，在排放污水前人们应根据具体情况适当处理污水。污水经净化处理后，最终去处主要有以下几种：排放水体，作为水体的补给水，回灌到地下水中；工农业利用，如灌溉田地等；处理后回用，如重复使用等。

（一）排放水体及基本要求

排放水体是污水的自然归宿，也是污水传统的和最主要的去处。水体本身具有的稀释与自净能力，将使污水得到净化。因此这种方法最常采用，也是可能造成水体污染的处理办法。污水排入水体应以不破坏水体的原有功能为前提。由于污水排入水体后需要一个逐步稀释、降解的净化过程，因此污水排放口一般应建在取水口的下游，以免污染取水口的水质。根据使用功能的不同，水体接纳污水的情况也有所不同。关于污水排放，基本要求如下。

首先，根据《中华人民共和国水污染防治法》规定，在饮用水水源保护区内，禁止设置排污口；在风景名胜区水体、重要渔业水体和其他具有特殊经济文化价值的水体的保护区内，不得新建排污口；在保护区附近新建排污口，应当保证保护区水体不受污染。

其次，《污水综合排放标准》（GB 8978—1996）规定，在《地表水环境质量标准》（GB 3838—2002）中Ⅰ类、Ⅱ类水域和Ⅲ类水域内规定的保护区和《海水水质标准》（GB 3097—1997）中规定的Ⅰ类水域内，禁止新建排污口；现有的排污口必须按水体功能要求，实行污染物总量控制，以保证接纳水体的水质符合规定用途的水质标准。

再次，对生活饮用水的地下水源应当加强保护。禁止企事业单位利用渗井、渗坑、裂隙和溶洞，排放、倾倒含有毒有害化学物质的污水和含病原体的污水。向水体排放含热污水时，应当采取适当措施，保证水体的水温符合环境质量标准的规定，防止热污染危害环境。排放含病原体的污水时，必须先对污水进行消毒处理，符合国家有关标准后再行排放。

最后，向农田灌溉渠道排放污水时，应保证下游最近的灌溉取水点的水质符合农田灌溉水质标准。利用污水进行农田灌溉时，应防止地下水、土壤和农产品受到污染。

（二）污水回用

水资源短缺已成为全球面临的严重问题。污水经过适当的处理进行回用来缓解供水压力，已经成为世界各国解决这一问题的共同思路之一。随着污水处理技术的不断进步，水体净化的方法日益增多，经过处理后的污水的回用率正在不断提高，有些企业的（如冶金工业的磁选厂）污水回用率已超过95%。污水回用可以缓解水资源的供需矛盾，但人们在使用这种办法时，必须十分谨慎，以免造成危害。污水处理后可回用的主要领域包括市政（绿地浇灌、市政与建筑用水、城市景观用水等）、工业（工艺用水、冷却用水、锅炉用水和其他杂用水等）、农业、林业、渔业、畜牧业，以及地下水回灌等（见图1-2）。

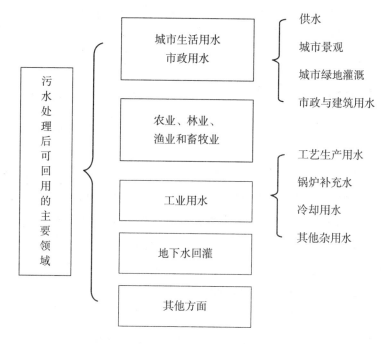

图1-2　污水的主要回用领域示意图

污水回用方式可分为直接回用与间接回用两种。直接回用又可分为循序使用法和循环使用法。工矿企业在生产过程中，甲工序产生的污水经适当处理后用于乙工序叫循序使用；适当处理后的污水，再用于甲工序叫循环使用。对接纳污水的地表水体做进一步净化处理后，再将之作为沿岸城市与工矿企业的给水水源，属于污水的间接回用。以城市污水为给水水源，经处理后作为生活饮用水，也是重复使用的一种方式。但这种方式处理成本极高，在极端缺乏水源的地区，才会被考虑采用。在市政用水方面，污水回用日益广泛。目前，已有大量回用水被用于洗车、道路清洗、绿地浇灌、市政与建筑建设、城市景观建设之中；在农林牧渔方面，用回用水灌溉田地可使污水得到充分利用，但必须符合灌溉的有关规定，以免污染土壤与农作物。

污水回用应满足如下要求：回用水对人体健康不应产生不良影响；回用水对环境和生态系统不应产生不良影响；回用水对产品质量不应产生不良影响；回用水应符合应用对象对水质的要求或标准；污水回用应能为使用者和公众所接受；回用系统在技术上应可行，操作上简便；回用水的价格应比自来水低廉；回用水应有安全使用的保障。

四、污水处理的重要性和必要性

污水处理的重要性和必要性主要体现在以下几个方面。

（一）保护环境

未经处理的污水含有大量营养物、重金属和其他污染物，这些物质被直接排放到水体中会对环境产生严重的负面影响。其中，污水中的营养物会引发水体富营养化现象，即过量的含氮、磷元素的营养物进入水体后，会导致藻类过度生长，形成赤潮和蓝藻水华，破坏水体的生态平衡。富营养化还会导致水中溶解氧减少，引发鱼类和其他水生生物窒息死亡，严重影响水体的生物多样性。

同时，未经处理的污水中还含有大量的重金属，如铅、汞、镉等，它们具有毒性，会对水生生物和人类健康构成严重威胁。重金属还会进入食物链，引发生物富集现象，并最终被人类摄入，引发中毒和健康问题。此外，未经处理的污水还可能含有致病菌、病毒和寄生虫，直接接触或饮用受到污染的水会造成水传播疾病（如霍乱）的发生和流行，对人类健康造成严重威胁。

污水处理技术可以帮助人们减少这些负面影响。污水处理可以有效地去除污水中的营养物和其他污染物，减少其在水体中的浓度和负荷，从而减缓水体富营养化的速度。结合使用物理处理、化学处理和生物处理等多种处理工艺，可将废水中的悬浮物、颗粒物和溶解物质去除或将其含量降至安全水质标准要求以下。生物处理过程中，微生物通过生物降解和生物转化作用，将有机物等分解为较为稳定的物质，从而降低其对水体的影响。

除上述处理方法之外，污水处理还可以采用进一步的高级处理技术，如深度过滤、消毒和高级氧化处理（Advanced Oxidation Processes, AOP），以进一步去除残留的有机污染物和病原体，确保出水的水质符合卫生标准。污水处理还可以实现资源的回收利用，如废水中含氮、磷元素的营养物可以被回收用于农业灌溉和肥料生产，从而推动循环经济发展和可持续发展。

污水处理对于减少污染物的排放，保护水体和生态系统的健康稳定，以及维护人类健康都有其重要性和必要性。通过科学有效的污水处理手段，人们可以减少人类活动对环境的破坏，降低水体富营养化和水污染的风险，确保在可持续利用水资源的同时，保护生物多样性的和人类的福祉。

（二）保护人类健康

本章中笔者提到过未经处理的污水携带着很多的污染物，这些污染物有细菌、病毒和其他病原体等，它们对人类健康构成了严重威胁。如果这些废水直接接触人体或作为饮用水源，就将带来感染水传播疾病的风险。污水中的病原体包括致病性大肠埃希菌、沙门氏菌、霍乱弧菌、传染性肝炎病毒、诸如病毒等，它们可以通过口腔、呼吸道和皮肤接触进入人体，引发胃肠道感染、呼吸道感染、肝炎等。

然而，通过科学有效的污水处理，人们可以消除这些病原体或显著减少其含量，从而确保供水源和环境中的水质达到卫生标准，保护人类健康。污水处理过程包括初级处理、次级处理和高级处理，并采用多种技术和工艺，以最大程度地去除污水中的病原体。

在初级处理中，格栅和沉砂池等物理设备可以去除废水中的大颗粒物和悬浮物。这些大颗粒物和悬浮物可能携带细菌和病毒。然后，废水进入次级处理阶段。这一阶段所用工艺包括活性污泥法、生物膜法和稳定沉降池法等。这些工艺利用微生物，通过生物降解和生物转化，有效去除有机物和悬浮物，从而显著减少废水的病原体负荷。

高级处理是污水处理的重要环节，它可以进一步消除残留的有机污染物和病原体。常用的高级处理方法包括深度过滤、消毒和高级氧化。深度过滤通过装有微孔过滤膜或活性炭等介质的装置进行，可以去除微小的悬浮物和细菌，提高水的透明度和卫生性。消毒往往采用紫外线照射、氯化消毒和臭氧消毒等方法，可以有效杀灭或去除水中的病原体。高级氧化则是利用强氧化剂，如过氧化氢和臭氧，对废水中的有机物和病原体进行降解和去除的方法。

通过这些污水处理技术的综合应用，废水中的病原体可以被有效消除或大幅减少，从而确保供水源和环境中水体的水质符合卫生标准，最大限度地保护人类免受水传播疾病的威胁。可见，污水处理可以降低水传播疾病的风险，为人类提供清洁健康的水资源，保护人类健康。

（三）确保水资源的可持续利用

水是宝贵的资源，在全球范围内，人们面临着日益严重的水资源短缺问题和供需压力。在这样的背景下，污水处理成为一种重要的解决方案。将废水净化后回用，可以实现水资源的有效利用和可持续发展。

农业灌溉是回用处理过的污水的主要领域之一。经过处理后的污水含有营养物，如含氮和磷元素的化合物，它们对农作物的生长有促进作用。将污水用于农业灌溉，既可以满足农作物的灌溉需求，又可以为农田提供养分，减少农作物高产对化肥的依赖。这不仅有助于保护淡水资源，还可以提高农业的生产效率和可持续性。

处理过的污水还可以用作工业用水。工业生产过程对水资源的需求通常较大，而高质量的淡水资源却越来越少。将处理后的污水作为工业用水，可以减轻工业生产对淡水资源的压力，提高工业生产的可持续性。在适当的处理和管理下，回用污水可以满足许多工业过程中对水质要求不那么严格的环节的用水需求，例如，作用冷却水、洗涤水或参与一些非直接接触产品的制造过程。

景观用水也是回用污水的一种常见应用方式。处理后的污水可以用于公园、绿化带、高尔夫球场等场所的灌溉和水景养护，为城市提供美观的景观环境。这不仅缓解了用水压力，还缓解了污水排放对环境的压力。

污水处理的回用实践可以在农业、工业和景观领域中实现。将处理过的污水回用于农业灌溉、工业生产和景观建设等方面，可以减少人们对有限淡水资源的需求，提高水资源的利用效率，促进社会经济的可持续发展。这种循环利用的方式有助于保护水资源，减少环境负荷，使人们能够更加智能地管理和利用宝贵的水资源。

（四）法律和法规的要求

为了保护环境和公共卫生，许多国家和地区都出台了严格的污水排放标准和环境保护法规。这些标准和法规要求工业、商业企业和居民区管理方对产生的废水进行必要的处理，以确保其合规排放，避免对环境和公共卫生造成负面影响。

污水排放标准和环境保护方面的法律法规旨在限制废水排放时污水中的污染物浓度，减少环境负荷，以改善水体和土壤的质量，维护生态系统的健康和稳定。这些标准和法规所涉及的污染物类别涵盖了有机物、悬浮物、重金属和病原体等，并针对不同类型的排放源规定了相应的限值要求。

工业企业在生产过程中会产生大量的废水，其中可能含有有机溶剂、重金属和其他有害物质。根据污水排放标准和法规的要求，工业企业必须配备适当的废水处理设施，以将废水净化至符合排放标准的规定。这可以通过物理、化学和生物处理方法来实现，以去除或降低污染物的浓度，确保废水排放的安全性和环境友好性。

商业区域，如酒店、商场和办公楼等，通常也会产生大量的废水。这些区域需要按照污水排放标准和相关法规的要求，建立合适的污水处理系统，确保废水经过适当的处理后达到规定的排放标准。此系统的处理环节可以包括初级处理（如通过格栅和沉砂池进行处理）和次级处理（如通过生物处理或物理化学处理方法处理），以去除废水中的悬浮物、有机物和其他污染物。

居民区的污水处理同样重要。建立污水处理设施，对居民家庭产生的污水进行处理，可以保护附近的水体和环境，防止污水对公共卫生造成潜在威胁。居民区的污水处理一般采用集中式处理系统或分散式处理系统，通过物理、生物和化学处理等工艺，去除污水中的污染物，确保污水排放符合相关的排放标准。

通过遵守污水排放标准和环境保护法规，工业、商业企业和居民区管理方可以更好地履行环境责任，确保废水合规排放。这不仅有助于减少水体和土壤污染，保护生态系统的完整性，还维护了公共卫生和人类健康。同时，这些措施还有助于推动可持续发展目标的实现，有助于提高社会的环境意识和可持续发展意识。

（五）社会责任

做好污水处理是企业和社会的责任，也是人们关注环境和公共利益的具体体现。合理进行污水处理对于形成可持续的社会和经济发展模式，以及增进人类福祉具有重要的意义。

首先，污水处理是企业社会责任的一部分。企业是社会的一员，在其经营活动中产生的污水必须得到适当处理，以减少对环境的负面影响。建立和运营污水处理设施的企业，能够更好地遵守法律法规，避免对周围环境和公共卫生造成污染。这体现了企业对环境保护和公共利益的关注，展示了企业的社会责任感。其次，合理进行污水处理有助于形成可持续的社会和经济发展模式。水是有限资源。人们正面临着日益严重的水资源短缺问题。同时，水资源供需矛盾也日益明显。通过有效处理和回用污水，人们可以减少对淡水资源的需求，提高水资源的利用效率。这对维持社会经济的可持续发展至关重要。合理进行污水处理还能降低环境污染和人类活动对水生生态系统的破坏，创造良好的生态环境，为社会的可持续发展提供支撑。最后，污水处理对增进人类福祉至关重要。未经处理的污水含有大量的污染物和病原体，直接排放会对水体、土壤和生态系统造成严重影响，危及人类健康。通过科学有效的污水处理，人们可以减少污染物的排放和病原体的传播，确保供水源的安全和环境的健康。这直接关系到人类的生存质量和健康，也是保护生物多样性和生态系统的有效举措。

五、污水处理的目标和原则

污水处理的目标是去除或转化污水中的有害物质和污染物，减少污水对环境的负面影响，确保水体的安全，实现水资源的可持续利用。

（一）污水处理的目标

1. 水质净化

人们可以采取适当的工艺和处理方法，去除污水中的悬浮物、营养物等多种污染物质，以显著降低污水的污染程度。通过这些处理过程，人们可以改善水质，保护水环境的健康与可持续性。

2. 病原体去除

污水处理的重要目标之一是有效去除或杀灭污水中的病原体，以防范水传播疾病的传播。合适的处理工艺和消毒措施，可以有效减少病原体的存在和疾病传播风险。人们可以使用适当的消毒剂、进行紫外线照射或采用其他灭菌技术，破坏病原体的细胞结构和功能。这样可以确保处理后的污水水质符合卫生标准，降低致病风险，从而保护公共健康并防止介水传染病的流行。这一过程是水处理的关键环节，可以确保供水系统的安全性和卫生性，保障生命健康，增进人民福祉。

3. 水资源保护

污水处理的目标还有通过合适的工艺和措施，确保处理后的污水水质符合严格的环境和卫生标准，以保障自然水资源的可持续利用。人们可以通过采用先进的处理技术，如生物降解、化学处理和膜分离等方式，去除污水中的有害物质等污染物，来实现这一目标。通过净化水质，降低污染物浓度，处理后的水可以安全地回归自然水体或用于农业灌溉和工业生产。推广这种可持续的水资源利用方式，不仅有助于保护生态系统的健康，还能保障人类的饮用水供应，并推动社会的可持续发展。同时，出台合理的水质标准也有助于促进环境保护和卫生安全，保障人们的健康。

（二）污水处理的原则

1. 污染防治原则

污水处理的原则之一是要通过预防、减少污染物的排放并采取适当的控制措施，防止污染源的形成和扩散。这包括制定严格的环境管理政策和法规，监管和管理各类工业、农业和城市排放源。同时，推广清洁生产技术和绿色化工，以减少有害物质的产生。提高公众的环境意识，加强环境教育，鼓励公众和企业参与环保行动，落实污染物减量和回收再利用方案等，都是可以采取的有效措施。此外，也可以建立健全环境监测和追踪系统，及时发现和控制污染源，并对违规行为进行惩罚和处罚，以防止污染物的进一步扩散和影响。通过综合的污染防治措施，人们可以最大限度地降低污染物对水环境的影响，实现可持续的水资源管理和保护。

2. 循环利用原则

根据水质要求和资源可持续利用的原则，处理后的污水应经过适当的再利用，以节约用水并实现水资源的高效利用。这包括将处理后的污水用于农业灌溉、工业生产、城市绿化等领域。循环利用时要注意进行适度处理和处理后监测，确保再利用水的质量符合相关标准，可以采取的处理工艺有过滤、消毒等。这可以确保再利用水的安全性和可靠性。水资源再利用不仅有助于减少对淡水资源的消耗，还能降低人类活动对环境的压力和对地下水的依赖。同时，合理的水资源再利用也可以促进循环经济的发展和资源的可持续利用，推动社会朝着更可持续和更绿色的发展方向迈进。

3.可持续发展原则

在污水处理过程中，应注重生态、社会和经济可持续性的平衡，追求环境友好、经济效益和社会责任的统一。这意味着在选择和实施污水处理方案时，需考虑对生态系统的保护和修复、社会需求的满足以及经济层面的可行性。采用环境友好的技术和工艺，如生物修复和资源回收，可以最大限度地减少人类活动对自然环境的负面影响。同时，污水处理应满足社会的需求，如改善人们的生活水平、为人们提供安全饮用水以及减少污染疾病的传播。此外，要注重经济效益，确保污水处理具有成本效益，并能通过资源回收和能源利用等方式创造经济价值。综上所述，污水处理应在生态、社会和经济之间寻求平衡，以实现可持续发展、环境保护和社会责任的统一这一目标。

污水处理的目标和原则旨在保护水资源、减少污染物对环境的影响，并实现可持续发展。合理的处理工艺和管理措施，可以帮助人们提高水质，减少水污染，同时有效地利用和保护水资源。

第二章 环境工程新方法

第一节 环境工程新方法的概念和意义

一、环境工程新方法的概念

环境工程新方法是以传统方法为基础,通过应用生物、物理、化学和其他学科的先进技术,并经过一系列的深入研究,所探索到的更经济、更环保、更高效、可操作性强的方法。这些新方法的发展受益于科学技术的迅速进步和环境工程研究的不断深化。

在新方法中,生物技术发挥着重要作用。例如,利用微生物降解有机污染物,人们研发了生物修复技术,可以在一定程度上降低土壤和地下水中污染物的浓度;利用生物材料和生物膜技术对污染物进行吸附和过滤,可以提高水和空气的净化效率。在物理化学方面,人们利用膜分离技术高效地去除水中的悬浮固体和溶解性物质,从而实现水的净化和回收利用;利用高级氧化技术,如光催化和臭氧氧化等,能够有效降解水和空气中的有机污染物,提高处理效果。除了生物技术和物理化学原理的应用,其他先进技术,如人工智能、大数据分析和传感器技术,也被应用于环境工程之中。这些技术可以帮助人们实时监测环境污染情况,优化处理流程,并提供准确的决策支持,以实现更精细化、智能化的环境治理。

　　新方法在水污染控制、大气污染控制、固体废物污染控制和物理性污染控制等环境工程领域得到广泛应用。通过提高污染物去除效率、降低处理成本并减少对环境的不良影响，这些创新方法推动了污染物处理水平的迅速提升。环境工程新方法对于改善环境质量和推动可持续发展具有重要意义。它们不仅有助于减少环境污染、保护生态系统的健康，还为人们创造了一个更清洁、健康的生活环境。未来，随着科学技术的不断发展和创新，环境工程新方法将不断涌现，研究人员将为解决环境问题提供更多有效的方案，并推动可持续发展的实现。

二、环境工程新方法的意义

　　环境工程新方法的出现对于解决环境问题、促进可持续发展具有重要的意义。以下将从几个方面详细阐述。

（一）提升去除污染物的效率

　　由于运用了生物、物理、化学和其他学科的先进技术，因此环境工程新方法能够更有效地去除污染物。传统方法可能存在去除效率低、耗时长、成本高等问题，而新方法的引入可以显著提高处理效率，加速污染物的降解和去除过程。例如，人们可以利用生物修复技术，通过微生物的降解作用，高效地降低土壤和地下水中的有机污染物浓度。物理化学方面的技术，如膜分离和高级氧化技术，则能够快速、高效地去除水和空气中的污染物。这样可以有效改善环境质量，保护生态系统的健康。

（二）有助于保护自然环境和生态系统的健康

　　新方法能够减少污染物的排放，限制污染物对环境的不良影响。例如，在水污染控制工程中引入环境工程新方法，可以有效去除有害物质，提高水体水质，保护水生生物的生存环境；在大气污染控制工程领域，新方法能够减少有害气体和颗粒物的排放，改善空气质量，降低呼吸道疾病感染的风险。这些都对维护生态平衡、保护物种多样性和生态系统的稳定具有重要意义。

（三）有利于资源的高效利用和促进循环经济发展

环境工程新方法的发展推动了资源的高效利用和循环经济的实现。通过先进技术的应用，废弃物和固体废物可以被有效地转化和处理，实现资源的再利用和回收利用。例如，人们可以利用生物技术和物理化学技术，将有机废弃物转化为生物能源或有机肥料，减少对化石能源的依赖，减少温室气体排放。同时，废水处理过程中的废热和废气也可以被回收利用，实现能源资源的综合利用。这样不仅可以减少资源的浪费，减轻环境压力，还可以促进循环经济的发展，实现资源的可持续利用。

（四）推动可持续发展

环境工程新方法对可持续发展具有积极的推动作用。新方法的应用可以有效解决环境问题，改善环境质量，为人们创造一个更清洁、健康的生活环境。同时，新方法注重经济效益、可操作性和环境友好性，这使人们可以协调环境保护和经济发展。新方法的实施不仅有助于降低环境治理成本，提高资源利用效率，还能为相关产业带来创新机遇和经济增长点。这样有助于实现经济的可持续发展，同时满足社会对环境保护的需求。

（五）推动技术创新和科学研究

环境工程新方法的应用促进了技术创新和科学研究的进步。为了应对不断增加的环境挑战，研究人员不断探索和开发新的方法和技术，以提高环境治理的效率和效果。这推动了科学研究的深入，促进了各个领域的跨学科合作和知识交流。同时，新方法的应用还激发了产业界的技术创新，推动了环保技术和产业的发展。这些技术创新和科学研究的成果不仅可以应用于环境工程领域，还可以扩展到其他相关领域，如能源、农业、建筑等，为整个社会的可持续发展提供有力支持。

环境工程新方法的意义在于提高污染物去除效率，保护环境和生态系统的健康，促进资源的高效利用和循环经济的发展，推动可持续发展，推动技术创新和科学研究。这些都对解决全球环境问题、实现可持续发展目标具有重要意义。人们应继续鼓励和支持环境工程新方法的研究和应用，以创造一个更美好的未来。

第二节　基于生物技术的新方法

一、生物技术基本概述

（一）生物技术的定义

生物技术是一个利用生物学原理和方法，在对生物体或其组成部分进行研究、开发和应用过程中，运用生物学、化学、工程学和信息学等多学科知识，以达到改善生物体或生物系统的性能、创造新产品或解决现实问题等目标的科学技术领域。

简单来说，生物技术以生物学的知识和技术手段为基础，利用生物体的特性和过程开发并改良产品、服务或生产过程。它包括基因工程、分子生物学、细胞工程、微生物学、发酵工程等方面。生物技术在医药、农业、食品科学、环境保护等领域有着广泛的应用，并对人类社会和经济产生着重要影响。

生物技术（Bio technology 或 Bio-techniques）最初是由匈牙利工程师卡尔·厄瑞凯（Karl Ereky）于 1917 年提出的。当时他是受以甜菜作为饲料养猪这一过程的启发而提出的生物技术这一概念，也就是说，最初的生物技术实质上是指利用生物将原材料转化为产品的技术。[①]

1982 年，国际经济合作与发展组织对生物技术进行了定义：生物技术是应用自然科学及工程学的原理，依靠微生物、动物、植物体作为反应器将物料进行加工以提供产品为社会服务的技术，这一过程亦称为生物反应过程（Bio process）。

1986 年，中国《高技术研究发展计划纲要》中，生物技术与航天技术、信息技术、激光技术、自动化技术、新能源技术、新材料技术一起被列为我国重要发展的高新技术的首位。同年，中华人民共和国国家科

---

① 马放，冯玉杰，任南琪. 环境生物技术 [M]. 北京：化学工业出版社，2003：1.

学技术委员会（现为中华人民共和国科学技术部）制定了《中国生物技术政策纲要》（以下简称《纲要》）。《纲要》将生物技术定义为，以现代生命科学为基础，结合先进的工程技术手段和其他基础学科的科学原理，按照预先的设计改造生物体或加工生物原料，为人类生产出所需产品或达到某种目的。[①] 其中，先进的工程技术手段主要指基因工程、酶工程、细胞工程和发酵工程等。改造生物体是指通过基因编辑或其他生物技术手段，对动物、植物或微生物进行基因层面上的改变，以获得具有优良品质、特定特性或新功能的品系这一过程。生物原料则是指生物体的某一部分或生物生长过程中所能利用的一些物质，如淀粉、糖蜜、纤维素等有机物和一些无机化合物等。

生物技术可以用于生产医药、食品、化工原料、能源、金属等，同时可以被应用于疾病的预防、诊断、治疗以及环境污染的监测与治理。

（二）生物技术的发展

生物技术，是一门融合生物学、物理学、化学以及计算机科学等多学科的前沿学科，以其独特的魅力和无尽的可能性改变了人类的生活，甚至在很大程度上改变了人类对世界的认知方式。

自古以来，生物技术就与人类的生活紧密相连。近几十年来科技的飞速发展，尤其是基因工程的广泛应用，更是推动生物技术进入了一个全新的时代。基因工程，可以简单地理解为对生物体的遗传物质进行改造，以实现人类期望目标的技术，不仅包括改造已经存在的生物，还包括创造全新的生物。通过基因工程，人类已经创造了许多有助于提高生活质量的生物产品，如抗病毒的农作物、能有效治疗疾病的药物等。

基于基因工程的生物制药技术，无疑是近年来生物技术发展最具影响力的分支之一。生物制药是指利用生物技术生产药物的过程，包括利用微生物、细胞或生物体自身合成药物。这些药物包括抗生素、疫苗、生物响应修饰剂等。与传统的化学合成药物方式相比，生物制药具有疗

---

① 马放，冯玉杰，任南琪. 环境生物技术 [M]. 北京：化学工业出版社，2003：1.

效明确、副作用少的优点。特别是在抗击新冠疫情的过程中，生物技术在疫苗研发领域的巨大贡献，充分证明了其在公共卫生应急和疾病防治中的重要作用。

除了医药领域，生物技术也在农业领域发挥了巨大的作用。基于基因工程的转基因技术，为解决全球粮食短缺问题提供了新的方法。通过改造农作物的基因，人们可以让农作物增加产量，提高农作物的生长效率和抗逆能力。这对于解决全球粮食短缺问题，保障粮食安全具有深远的意义。

在环境保护方面还有生物修复技术。所谓生物修复技术，就是利用生物体对环境污染物的自然降解能力，来修复被污染环境的技术。通过基因工程技术，人类可以改造微生物，使它们具有高效降解污染物的能力。这种生物修复技术具有成本低、效率高、不破坏环境等优点，对于解决全球环境污染问题，具有巨大的价值和潜力。

未来，生物技术发展的方向还有很多。一方面，随着基因组学、蛋白质组学等领域的快速发展，以及大数据、人工智能等新兴技术的广泛应用，生物技术的研究方法和手段将更加多样化和精细化。基因编辑技术的进一步发展，可以使人们更精确地改造生物体的基因，从而创造出更多有助于改善人类生活的生物产品。另一方面，随着公众对生物技术认知的提高和伦理法规的完善，生物技术的应用也将更加合规，更加贴近人们的需求。

在发展生物技术的过程中，人们不仅要追求技术的进步，也要考虑到社会、伦理、法律等多方面的影响。总的来说，生物技术的发展，无疑为人类提供了解决许多重要问题的新途径，也为人类的未来提供了无限的可能性。生物技术的每一次突破，都在改变着人类的生活，也在推动着人类社会的进步。然而，如何平衡技术和伦理，如何更好地利用生物技术服务人类，是人们在未来要面临的重大挑战。对于这些挑战，人们需要以开放的态度、科学的方法以及负责任的精神去面对，去解决。只有这样，生物技术的发展才能真正为人类的进步做出贡献。

在这个科技日新月异的时代，每个社会成员都既是时代的参与者，也是时代进步的见证者。人们希望看到的，不仅仅是生物技术的发展，更是人类对生命的尊重，对环境的珍视，对未来的责任。笔者期待，生物技术能在科学与伦理之间找到平衡，成为推动人类进步的力量。在生物技术的浪潮中，每个人都有责任参与其中，共同推动生物技术的健康发展。这需要人们不断提高自身的科学素养，理解生物技术的原理和应用，对生物技术的发展提出建设性的意见和建议。同时，人们也需要以开放的心态，接受生物技术带来的变革，以此推动社会的进步。生物技术，意味着无尽的探索。它不仅仅是一种技术，还是一种生活方式和看待世界的方式。生物技术的发展，无疑会给人类带来更多的机遇和更多的挑战。在期待着生物技术能够带来更美好的未来的同时，人们也需要时刻警惕，避免生物技术走向歧途，影响人类的生活。生物技术的未来充满了希望，也充满了挑战，要珍惜每一次的机遇，应对每一个挑战，以此推动生物技术的发展，为人类的未来创造更美好的可能。

（三）生物技术的多学科性

近几十年来，科学和技术的发展呈现出一个明显的趋势，即人们越来越倾向于采用多学科结合的方法来解决各种问题。这种趋势催生了综合性学科的兴起，并最终形成了一个具有独特概念和方法的新领域——生物技术。

生物技术是一门涉及多个学科的综合性学科，其中包括生物学（如生物化学、分子生物学、微生物学、细胞学、遗传学等）、化学、工程学（如化学工程、机械工程、电子工程等）、医学、药学、农学、计算机科学等。就其基础学科而言，生物技术主要涉及化学、生物学和工程学。这些基础学科之间的关系，表明生物技术具有多学科交叉渗透的特点（见图2-1）。

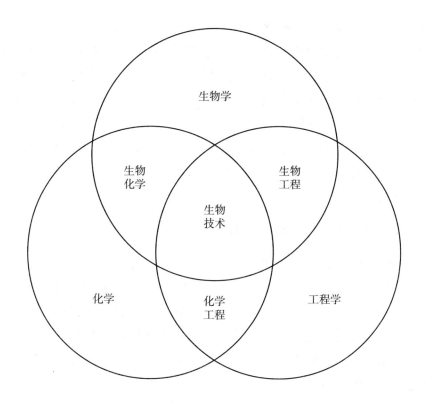

图 2-1　生物技术与相关基础学科的关系

从图 2-1 中可见，生物技术与生物工程有一些明显的区别。一方面，生物工程涵盖了医学工程、环境工程、卫生工程、农业工程、仿生工程、人体功能工程学等多个学科或其部分分支，其核心在于工程学与生物学的结合，而不直接涉及化学领域。另一方面，当人们谈及生物技术中与生物生产相关的生物催化剂时，就会与化学领域产生关联。传统上，人们常将生物工程视为涵盖了生物医学工程和生物化学工程的总体概念。

生物技术的学科交叉渗透还表现在生物技术的发展往往以生命科学领域的重大理论和技术的突破为基础这一点上，这一特点在传统生物技术领域和现代生物技术领域均不例外。例如，DNA 双螺旋结构和 DNA 半保留复制模式的阐明，以及 DNA 限制性内切酶和 DNA 连接酶等工具酶的发现，直接推动了基因工程的出现；动、植物细胞培养方法以及细胞融合方法的建立，也使细胞工程向前迈了一大步；生物反应器、传感器，还有自动化控制技术的应用，使传统的发酵工程具有了高科技的内涵。另外，所有生物技术领域研究都会使用大量的现代化高精尖仪器，如超速离心机、电子显微镜、高效液相色谱、DNA 合成仪、DNA 序列分析仪等，这也是现代微电子学和计算机技术与生物技术的结合。

当前生物技术在很多领域都实现了自身价值，产生了如农业生物技术、医学生物技术、植物生物技术、动物生物技术、食品生物技术、环境生物技术等新技术。

二、基于生物技术的环境生物技术

（一）环境生物技术的定义

环境生物技术是人类在面临生存和发展的危机时所进行的拯救环境的"革命"中所必需的核心技术之一。人类在发展物质文明的同时，也带来了许多生态环境问题，而这些问题正在威胁着人类的生存和发展，迫使人类采取必要的措施，改善生存环境。在这一过程中，环境生物技术起着重要的作用。[①]

环境生物技术是一门由现代生物技术与环境工程相结合而产生的新型交叉学科。由于它是一门新兴学科，因此，人们对环境生物技术的定义并不统一。广义的环境生物技术涉及范围很广，凡是与环境控制有关的生物技术，都可归为环境生物技术。

德国国家生物技术中心（GBF）的蒂米斯（K.N. Timmis）博士认为应用广泛的生物技术中的如下 3 个方面属于环境生物技术。

（1）在环境中应用的生物技术。

（2）涉及将环境中的一些部分视为生物反应器的生物技术应用。

（3）作用于一些必须进入环境的物质的生物技术。

按照这样的定义，环境生物技术是应用于生物圈的技术，旨在控制或治理将要进入生物圈的污染物，从而维护环境的可持续性。环境生物

---

① 马放，冯玉杰，任南琪. 环境生物技术 [M]. 北京：化学工业出版社，2003：6.

技术涵盖了污染物的生物减少、污染场地的生物修复以及开发利用生物可降解材料等方面的技术，以实现对将要进入生物圈的污染物进行控制和治理的目标。

很多学者对环境生物技术的定义进行了延伸与扩展。他们认为，直接或者间接地使用完整的生物体或生物体的一些组成部分或某些技能，建立一种能够降低或者消除污染物产生的生产工艺，或者人工技术系统，就是环境生物技术。

美国密歇根州立大学蒂德耶（J.M. Tiedje）教授认为，环境生物技术的核心是微生物学过程。

还有一些学者给出了更为简单和通俗的定义，他们认为环境生物技术就是能够治理环境污染的生物技术。

环境生物技术的功能，在广义上通常包括以下两个方面的内容。

（1）生物净化：生物技术是一种利用生物体的组织或功能，直接或间接去除环境中已存在的污染物质和有毒物质，从而实现环境净化的技术。

（2）生物生产：生物技术是一种利用生物体作为反应器或利用活体生物的功能进行生物生产的技术，旨在为人类的生产和生活需求提供产品和服务。这种技术以可持续发展为基础，在资源日益紧缺的现代社会具有重要意义。

（二）环境生物技术研究的内容

由于环境问题的复杂性和多样性，环境生物技术所包含的范围十分广泛，涵盖了多个学科领域，如分子生物学、环境化学、基因工程学、酶工程学、发酵工程学、化学工程学、环境生物学、环境毒理学、环境工程学、植物学、动物学、生态学、微电子学、计算机科学等。

环境生物学研究涉及以下3个主要层次。

1. 生物个体层次

在生物个体层次上，环境生物学的研究重点是探究生物个体与其所处环境之间的相互作用。这包括生物个体对环境的适应性、行为响应、生理适应以及生物与环境相互影响等方面的研究。环境生物学关注生物个体如何在特定环境条件下发展、生存和繁殖，以及环境对生物的个体行为、生理机制和适应性的影响。通过研究生物个体与环境的相互作用，人们能够更好地理解生物的生态适应策略、行为选择和生理调节机制，从而为环境保护和可持续发展提供科学依据。

2.种群层次

在种群层次上，环境生物学研究关注的是同一物种个体的集合，以及它们在特定环境中的分布、数量和相互关系。种群层次的环境生物学研究涉及对种群动态、生境利用、种群增长和迁移等方面的探索。通过对种群的研究，人们可以了解同一物种在不同环境条件下的数量变化、空间分布模式以及种群间的相互作用。种群层次的研究帮助人们揭示种群的生态特征、生态位的利用和竞争关系等重要因素，同时有助于人们预测和管理种群的动态变化。通过深入了解种群层次的生物学特征，人们能够更好地保护自然生态系统中的物种多样性，为生态恢复和可持续发展提供科学依据。

3.生态系统层次

在生态系统层次，环境生物学研究关注整个生态系统的生物多样性、能量流动、物质循环和生态系统的稳定性。研究生态系统层面的环境生物学有助于人们理解生物与环境之间的复杂关系，以及生态系统对环境变化的响应和适应机制。

这3个层次相互关联，构成了环境生物学研究的整体框架，环境生物学从个体到种群再到生态系统层面，揭示了生物与环境之间的复杂互动关系，并为环境保护和可持续发展提供了科学依据。

三、基于生物技术的新方法

生物技术在环境工程中的应用，内涵丰富，包括利用微生物、植物和其他生物体以及它们的生物分子来处理并减少环境污染等方面。以下是一些新的生物技术的应用。

（一）生物吸附

生物吸附的主要研究方向是利用微生物和植物来减少环境中的污染物负荷。这种利用生物体来吸附并稳定污染物的技术被称为生物吸附。

重金属污染物是造成当前环境问题的重要因素，对生态环境和人类健康的威胁日益严重。一些微生物和植物能够吸附并使重金属固定化，令其不再对环境构成威胁。这一原理在生物环境工程中得到了广泛的应用。许多微生物，如某些细菌、真菌和藻类，都有很强的重金属吸附能力。它们能够在细胞外生成金属络合物，或者通过活性基团与金属离子发生反应，从而降低水体中金属离子的浓度。在植物中，一些"超富集植物"可以从土壤中吸收并在体内积累大量的重金属。利用生物吸附技术的过程中，对微生物和植物的选择是关键。这些生物需要在含有高浓度重金属的环境中生存和繁衍，并且需要有强大的重金属吸附能力。这些生物还需要把吸附的重金属稳定化，防止其被再次释放到环境中。在选择的过程中，人们还需要考虑生物的生长速度、耐草酸盐能力、耐低pH能力等多种因素。此外，生物吸附还需要根据具体情况来确定修复策略。例如，在一些情况下，人们可能需要通过基因工程手段改造生物，以提高其吸附能力。在其他情况下，人们可能需要通过适当的栽培技术，如添加营养物质、改善生物的生长环境，提高其修复效率。

生物吸附是一种具有很大潜力的环境修复技术。通过合理的生物选择和修复策略，人们可以有效地减少环境中的重金属污染，保护生态环境，维护人类健康。然而，生物吸附也面临着一些挑战，如生物稳定化处理重金属的能力、修复效率的提高等方面的问题，还需要科研人员进一步研究和探索。

（二）生物降解

微生物在环境工程中发挥着重要的作用，尤其是在处理有害有机化合物，如石油烃方面，效果显著。这是因为某些微生物具有独特的生物降解机制，这使它们能够利用复杂的有机物质，包括许多被认为是污染物的化学物质，为自身提供能量和碳源。

石油烃是环境中常见的污染物，其具有化学稳定性和对生物的有毒性，因此在环境中降解并去除这类有机物就成了一个挑战。然而，大自然中的某些微生物，如某些细菌和真菌，却能够以这些化合物为能源，通过生物降解的方式将它们转化为无害的化合物。在这个过程中，微生物将复杂的石油烃分子逐步分解成简单的化合物，如二氧化碳和水，或者将其转化为能够被其他生物吸收利用的营养物质。这一过程在很大程度上降低了环境中石油烃的浓度，并且有助于修复被石油烃污染的土壤和水体。

通过微生物降解石油烃进而改善环境并不是一蹴而就的，这需要一定的环境条件和时间。例如，微生物需要足够的养分和适宜的环境条件才能生长和繁殖。此外，微生物降解石油烃的速度也会受温度、湿度、pH 和氧气等多种环境因素的影响。因此，为了提高微生物降解的效率，环境工程师需要仔细考虑这些因素，并可能需要通过改变环境条件（如添加营养物质）的方式来实现这一目标。尽管微生物降解石油烃在理论上是可行的，但在实际应用中却面临着许多挑战。首先，不是所有的石油烃都可以被微生物降解，某些复杂的化合物可能需要特定的微生物种群或者特定的环境条件才能被降解。其次，微生物降解石油烃的速度可能会受到环境条件的限制。例如，在温度较低或者氧气含量较低的环境中，微生物降解的速度可能会变得非常慢。最后，微生物降解的效率也可能受到污染物浓度的影响，当污染物浓度过高时，微生物可能会因为毒性反应而无法生长和繁殖。

尽管如此，微生物降解石油烃仍然是一种有潜力的环境修复技术。通过进一步研究，人们可以找到更有效的微生物种群，优化环境条件，进而开发出更有效的生物修复策略，提高微生物降解的效率，实现对被石油烃污染的环境的有效修复。

（三）植物修复

植物在环境保护和修复方面扮演着关键角色，特别是在减少和控制特定污染物，如重金属的负荷方面，它们的作用不可小觑。这是由于某些植物具有很强的吸收和积累污染物的能力，这使它们能够从土壤和水体中摄取重金属并在体内进行生物富集。

重金属污染是环境问题的一个重要方面。由于这些元素有化学稳定性，因此它们在环境中的转化率和移动性较低，这使对其的清除工作困难重重。然而，自然界的一些植物，如苜蓿、蓼等，可以从环境中有效地吸收和积累重金属元素。这些植物在生长过程中将重金属元素从土壤中吸收到体内，然后在其根部、茎部或叶片中进行积累。

对这一原理的应用在环境工程中被称为植物修复或者绿色修复，这是一种利用植物自身的能力进行环境修复的方法。通过种植一些具有吸收和积累污染物能力的植物，人们可以从污染的土壤和水体中移除重金属，从而减少环境中的污染负荷。然而，这种方法需要足够的时间和正确的管理才能奏效，因为植物需要时间来生长并吸收污染物，而且在修复过程中，人们需要对植物进行适当的管理，如定期采摘和处理积累了重金属的植物部分。

值得注意的是，这种方法并不能完全解决污染问题。一方面，不是所有的植物都能够吸收和积累重金属，因此需要选择合适的植物种类进行修复。另一方面，这种方法可能会带来新的环境问题。例如，如果植物在修复过程中死亡，并且没有得到适当的处理，它们就可能会将积累的重金属重新释放到环境中。此外，有些植物在吸收重金属的同时，也可能会吸收并积累一些其他有害物质。尽管如此，植物修复仍然是一种有效的环境修复方法。通过更深入的研究和技术创新，人们可以发现更有效的植物种类，开发更好的管理方法，并找到更有效的方式来处理积累了重金属的植物，从而提高这种方法的效率和可持续性，实现对重金属污染的有效修复。

（四）微生物燃料电池

微生物燃料电池（Microbial Fuel Cell, MFC）是一种独特的技术，它依赖于特定的微生物，将之作为生物催化剂，把有机物直接转化为电能，同时完成污水处理的任务。这种技术在环境保护和能源利用上都有巨大的应用潜力。

微生物燃料电池的基本原理是通过有机物的氧化还原反应来产生电流。在这种装置中，微生物在阳极处氧化有机物，将电子释放到电极，同时产生质子。质子通过一个膜或电解质传输到阴极，而电子则通过外部电路传输，从而形成电流。在阴极，电子和质子结合，并与氧气或其他电子受体反应，形成水或其他产品。微生物燃料电池的一大优点是其对有机废水的处理能力较强。有机废水通常含有大量的生物可降解有机物质，未经处理直接排放会对环境造成严重污染。在微生物燃料电池中，有机物作为能源被利用，微生物将其转化为电能，同时实现对废水的净化。

同时，微生物燃料电池还具有能源转化的功能。在当前能源短缺和环境压力日益增大的情况下，微生物燃料电池提供了一种将废弃有机物转化为可利用电能的新途径。这种方法不仅可以降低传统能源消耗，还可以减少温室气体排放，具有显著的环保和经济效益。

然而，微生物燃料电池的商业应用仍面临一些挑战。首先，微生物燃料电池的电力输出相比传统能源仍然较低。其次，微生物的种类和活性、电解质的选择、电池结构的设计等都会影响微生物燃料电池的效率和稳定性。因此，人们需要进行进一步的科学研究和技术创新，以提高微生物燃料电池的性能，并降低制造和运行成本。

微生物燃料电池是一种充满潜力的环保技术，能够同时实现废水处理和能源回收。随着科研和技术的进步，微生物燃料电池将在未来发挥更大的作用。

（五）基因工程

基因工程已经开启了一种前所未有的方式，让人们能够设计并创造出新的微生物。通过这种技术，人们可以进行微生物基因编程，让它们具有处理一些难以降解的污染物（如某些塑料和农药）的能力。

塑料污染已经成为全球环境问题之一。塑料是人类社会生活的重要组成部分，但它们的难降解特性使对其的处理工作成为一项挑战。然而，通过基因工程技术，科学家已经开发出可以分解塑料的微生物。例如，一些研究者已经成功地修改了一些细菌的基因，让它们能够分解一种名为聚乙烯醇的塑料。这种技术的发展将为人们提供新的工具来处理塑料废弃物，从而有可能改变人们处理这一全球性问题的方式。农药也是污染问题的来源之一。许多农药对环境的不良影响持续时间很长。这些农药在土壤和水中积累，对生态系统的健康构成威胁。然而，通过基因工程，人们可以创造出新的微生物来处理这些农药。这些微生物可以被设计为有能力分解特定农药的结构，从而清除或降低环境中的农药。

然而，对这些技术的应用需要谨慎。在基因工程微生物被广泛应用于环境中之前，人们需要充分考虑其可能带来的风险。例如，这些微生物是否会对其他生物产生影响，它们是否会转移基因给其他微生物，以及它们是否会对生态系统的稳定性产生不利影响。对这些问题的梳理将有助于人们确保基因工程微生物的应用既有效又安全。基因工程为人们处理一些难以降解的污染物提供了新的工具。然而，要实现这一技术的广泛应用，人们还需要克服一些技术和环境方面的挑战。期待未来的研究会有助于人们更好地理解和利用这一潜力巨大的工具，以应对全球环境问题。

（六）微生物电解技术

某些微生物具有一种独特的能力，即在缺氧的环境中，利用电流作为能源进行代谢活动。这一生物现象被科学家们巧妙利用，开辟了新的生成能源和处理污水的途径。

这些微生物被称为电活性微生物，它们能够接受电子的释放并且将这种能量转化为自身生存所需。这种独特的能力为人们解决全球气候变化和可持续能源问题提供了新的方向。当这些微生物暴露于电流之下时，它们能够催化一系列的化学反应。例如，有些微生物可以催化水的电解过程，将水分解为氢气和氧气。氢气是一种清洁能源，具有较高的能量密度，对于构建碳中和的能源体系具有巨大的价值。这类微生物还可以应用于污水处理。传统的污水处理技术需要消耗大量的电，而电活性微生物处理污水法，不仅能够极大地降低电力消耗，还能回收其中的有用资源。一些微生物可以将污水中的有机物转化为电能，利用这种转化过程可以开发微生物燃料电池。还有一些微生物可以将电能转化为化学能，可用于对污水中有机物的降解。这种技术有望将污水处理过程从消耗能源的过程转变为废物回收和再利用的过程。尽管这些电活性微生物展示出了巨大的潜力，但在广泛应用这些技术之前，还需要解决一些技术挑战。例如，如何有效地将电能传递给微生物，如何提高电能的转化效率，以及如何在大规模应用这一方法时保持微生物的稳定性和活性。未来的研究和技术发展将专注于解决这些问题，从而最大化利用这些微生物的能力，并将这种新的环保技术应用于实际的能源生产和污水处理过程中。

（七）菌草协同修复

微生物和植物的协同（如重金属等）作用在环境修复领域得到了广泛的应用，尤其在处理污染物（如重金属等）方面。这种协同作用不仅提高了去除污染物的效率，而且减少了二次污染。在这个过程中，微生物和植物都扮演了关键角色。一方面，某些微生物可以通过吸附、复合、沉淀等方式，改变重金属的化学形态，使其从水体或者土壤中被去除。例如，硫化物生成菌可以生成硫化物，与重金属形成硫化物沉淀，从而达到去除重金属的目的。另一方面，植物可以通过根系吸收污染物，将其从环境中移除。这种方法被称为植物修复。

在实际应用中，微生物和植物的协同作用可以带来多重效益。植物的根系可以为微生物提供生存的环境，供应必要的养分和水分，有助于微生物的生长和繁殖。微生物可以通过分泌酸性物质，改变土壤的pH，促进重金属的溶出，增强植物对重金属的吸收能力。某些微生物还能够产生抗重金属毒性的化合物，如抗生素，保护植物免受重金属毒性的伤害。这种互利共生的关系，使微生物和植物能够共同应对重金属污染。

微生物和植物协同去除重金属等污染物的技术仍面临一些挑战。如何选择适应性强、生长速度快、富集能力强的植物种类，如何维持微生物的稳定性和活性，以及如何提高污染物去除的效率等，都需要进一步的研究。

微生物和植物的协同作用为环境污染的修复提供了新的途径。通过进一步的研究和技术创新，人们有望将这种技术应用于更广泛的场景，解决更多的环境污染问题。虽然这些技术有很大的潜力，但是许多还处于研发阶段，或者尚未在大规模应用中进行测试。此外，必须注意环境生物技术可能存在的一些潜在问题，例如，转基因生物可能对环境或者生态造成未知影响。

第三节　基于物理化学技术的新方法

一、物理化学技术简述

物理化学技术是指基于物理化学原理的技术方法和手段。物理化学是化学的一个分支，它研究并解释物质的物理性质和变化，以及这些变化与能量的关系。物理化学技术通常包括量子化学、热力学、统计力学、动力学等多个子领域。

物理化学技术在许多实际应用中起着重要作用，包括新材料的设计与合成、化学反应过程的控制、能源的转化与存储等。例如，通过物理化学技术，科学家可以理解并预测化学反应的过程和结果，可以设计出更高效的化学反应路径，也可以制造出性能更优的材料。

另外，物理化学技术还包括一些实验和计算方法，如光谱学、显微镜技术、分子模拟等。这些技术的应用和开发都依赖于物理化学的理论知识，可以帮助科学家们更深入地理解化学过程和材料性能。本节将对物理化学技术进行简要介绍。

二、常见物理化学技术新方法

（一）先进的水处理技术

在现代社会中，水资源短缺和水质的恶化成为越来越突出的问题。为了解决这些问题，科学家研发了许多先进的水处理技术，其中包括光催化和电催化技术。

光催化是一种依赖光能来驱动化学反应的技术。在这个过程中，光催化剂可以吸收光，产生电子–空穴对，进而启动化学反应。这种反应通常用于水体中有机污染物的分解。例如，二氧化钛（TiO_2）是一种被广泛使用的光催化剂，当它被紫外线照射时，就会产生活性物质，如羟基自由基，这些活性物质能够氧化分解水中的有机污染物。光催化技术的效率受许多因素影响，包括光源的强度和波长、光催化剂的种类和表面性质、反应体系的 pH 等。优化反应条件可以提高光催化反应的效率和选择性。

电催化是另一种重要的水处理技术。电催化通过施加电压，改变化学反应的电子转移过程，加快反应的速度。电催化技术可以用于分解水中的有机污染物，也可以用于将废水中的某些物质转化为有价值的产品。例如，电催化可以用于将废水中的硝酸盐还原为氮气，也可以用于将水分解为氢气和氧气。电催化过程的效率和选择性受许多因素影响，包括电解质的种类和浓度、电极材料的性质、施加电压的大小等。优化反应条件可以提高电催化反应的效率和选择性。

光催化和电催化技术为水处理提供了新的可能性。这些技术既可以用于去除水中的污染物，也可以用于将废水中的某些物质转化为有价值的产品，为实现水的高效利用和循环利用开辟了新的道路。然而，这些技术在实际应用中仍面临一些挑战，包括光催化剂和电催化剂的稳定性和耐久性、反应的能源效率、处理过程的经济性等方面的挑战。克服这些挑战需要进一步的科研工作和技术创新。

对于光催化技术，关键的挑战之一是提高光催化剂对太阳光的吸收效率，以及提高活性物质的产生和利用效率。一方面，设计和制备新型的光催化剂，如纳米二氧化钛和掺杂二氧化钛的复合材料，已经显示出很好的应用前景。另一方面，光反应器的设计和优化也是提高光催化效率的关键。例如，通过使用集光器和反射器，人们可以提高光的利用效率；通过改变反应器的结构和流动模式，人们可以提高反应物与光催化剂的接触效率。发展电催化技术要面临的关键挑战之一是如何降低电催化过程的能耗。这需要科研人员开发新型的电催化剂，以降低电化学反应的过电位，提高反应的电能转化效率。同时，电解槽的设计和操作也对电催化过程的效率有重要影响。优化电解槽的设计，可以提高电流分布的均匀性，降低电解过程的能耗。

（二）有效的空气净化技术

改善空气质量已成为全球性的重要议题，科学家和工程师研发出了多种空气净化技术，以消除或减少空气中的有害物质。其中，光解技术因其独特的优点而引起了广泛的关注。

光解是一种物理化学过程，指使用光（通常是紫外线）来激发分子并引发化学反应。在空气净化中，光解技术主要被应用于分解空气中的有机污染物和一些无机污染物。例如，光解可以分解挥发性有机化合物（VOCs）、氮氧化物（NOx）以及硫化物（SOx）等。

对于有机污染物，一种有效的光解方式是利用光催化剂，如二氧化钛（TiO$_2$）。二氧化钛在紫外线的照射下可以产生活性物质，如羟基自由基，这些活性物质可以氧化并分解空气中的有机污染物。这个过程被称为光催化氧化，是光解技术的一种。

对于无机污染物，如 NOx 和 SOx，光解通常与其他技术结合使用。例如，人们可以先通过光解生成活性自由基，然后利用这些自由基与污染物进行化学反应，再进一步通过吸附或化学还原等方式去除污染物。

光解技术的优势在于，它不需要添加任何化学试剂，可以在常温常压下进行，并能够处理一些难以通过常规方法去除的污染物，同时能有效减少副产品的产生。

然而，它也存在一些挑战，如光催化剂的稳定性、光的利用效率以及对长时间和连续照射光源的需求等方面的挑战。当前，许多研究人员正在关注如何通过改进光催化剂的性能、设计更高效的反应器以及发展新型光源等方式来提高光解技术在空气净化中的效率。随着这些技术的进步，可以期待光解技术在未来的空气净化中发挥更大的作用。

（三）土壤修复技术

在环境保护领域，土壤修复是一项重要任务。随着工业化的发展，土壤受到了重金属、有机污染物、放射性物质等多种污染物的影响。传统的土壤修复方法，如化学处理和生物处理，虽然在一定程度上有效，但仍有一些缺点，如处理效率低、产生的副产品可能对环境造成二次污染等。因此，科学家和工程师们一直在寻求更有效、更环保的土壤修复方法，电动力修复技术就是其中的一个创新方法。

电动力修复技术，又被称为电动力热解（Electro-Thermal Remediation，ETR）或电动力去除（Electrokinetic Remediation，EKR），它利用电场的作用，将土壤中的污染物从一处移动到另一处，然后集中进行处理和去除。这种技术特别适合处理黏性土壤、粉砂土以及其他一些难以通过常规方法处理的土壤。

进行电动力修复时，会有一对电极被插入被污染的土壤中，然后施加电压。电场形成后，土壤中的离子和极性分子会在电场的作用下移动。同时，由于电流的通过，土壤会产生热量，这种热量也可以帮助释放和移动一些非极性的有机污染物。

电动力修复技术的优点在于，它可以在原地进行土壤修复，不需要挖掘和运输土壤，因此可以大大减少修复的成本和对环境的影响。此外，通过调整电压和电流，人们可以控制修复过程的速度和效率。

然而，电动力修复技术也面临一些挑战，如电极腐蚀、能源消耗、处理范围限制等方面的挑战。为了克服这些挑战，科学家们正在进行一系列的研究，包括开发新型的耐腐蚀电极、优化电场参数、与其他修复方法结合等。

（四）新型的废物处理和资源化技术

废物处理和资源化技术，是一种旨在以环保和可持续的方式管理和处理废物的技术。随着人类活动和工业化进程的不断发展，废物的产生量和种类日益增加。因此，人们急需寻找新的、高效的废物处理方法以及提高废物资源化的途径。

在这种背景下，新型的废物处理技术开始受到越来越多的关注。这些新型技术包括废物热解、生物处理、化学处理以及物理处理技术等。

废物热解是一种在无氧或低氧条件下，通过热分解将有机废物转化为可利用资源的技术。在这个过程中，通常被看作废物的物质，如塑料，可以转化为燃料油、气体和其他有价值的化工原料。这不仅解决了塑料废物带来的环境问题，还为其他产业提供了一种新的原料来源。

生物处理技术则是利用微生物的代谢作用，将有机废物转化为有用产品的技术，如生物气和堆肥。除了这些，新的生物处理技术，如微生物电化学技术，能够直接将有机废物转化为电能，将废物处理与能源生产相结合。

对于含有大量金属的废物，如废矿石、废电子设备，人们可以通过化学方法进行处理，并在此过程中提取和回收其中有价值的金属。湿法冶金技术就可以从废电子设备中回收金、银、铜等金属，并将其转化为新的资源。

物理处理技术，包括分类、破碎、分离等步骤，同样是废物处理的重要方法。例如，通过高效的分类和分离设备，人们可以从废建筑材料中回收金属、砖石、混凝土等资源。

除了上述这些技术，研究人员正在将不同的技术相结合，以实现废物的综合处理。生活垃圾的处理就是一个典型的例子，它通常包括分类、生物处理、热解等步骤，可以实现废物的资源化和能源化，最大限度地利用废物，减少环境污染。

笔者期待未来这些新型的废物处理和资源化技术能够继续发展和完善，为人们提供更有效、更环保的废物处理和资源利用途径，助力实现可持续发展。

三、物理化学技术新方法的未来发展

环境工程物理化学是一个涉及各种化学和物理过程的广泛领域，它专注于对环境问题的解决，包括水和空气的净化、废物的处理和资源的回收。考虑到环境的恶化和人类对于可持续发展的追求，环境工程物理

化学在未来几年将继续发展，以新的科学方法帮助人们应对日益严重的环境问题。

在未来的发展中，可以预见一些关键领域会引领整个行业的发展。首先，高级氧化技术（AOPs）在环境工程中的应用将越来越广泛。AOPs是一种强大的方法，能够将复杂的有机污染物转化为无害的小分子物质，如二氧化碳和水。随着新的光催化材料和技术的研发，以及光源技术（如LED）的进步，可以预见，AOPs将在未来的环境保护中发挥重要的作用。此外，新的氧化剂，如硫酸盐基自由基和氢氧自由基，也将在未来的环境工程中发挥作用。

纳米技术是另一个具有巨大潜力的领域，由于纳米材料尺寸小、比表面积大，因此它们在污水处理和污染物去除方面有卓越的性能。例如，纳米金属氧化物和硫化物可以有效地去除水中的重金属；纳米零价铁（nZVI）已经被证明是一种高效的氧化剂，可以用于处理水中的有机污染物和重金属。而且，随着纳米生物技术的发展，利用微生物合成纳米材料将成为一种新的趋势。

生物电化学系统利用自然界中的微生物，将有机废物转化为电能，从而实现废物的处理和能源的回收。对这一系统的研发也越来越成熟，随着基因工程技术和合成生物学的发展，未来人们有可能通过设计和改造微生物，提高生物电化学系统的效率和稳定性。

吸附和离子交换技术是环境工程中的传统技术，但随着新型吸附材料的研发，如活性炭、生物质炭和功能化纳米材料，这些技术将有新的发展。例如，有研究人员正在研究利用海藻、菌丝和其他生物材料制备生物质炭，用于吸附水中的有机污染物和重金属。而且，通过纳米技术，研究人员可以制备出具有特定功能的纳米吸附材料，如纳米磁性吸附材料和纳米分子筛。

新型膜过程将会是未来环境工程物理化学中的另一个重要方向。新的膜材料和膜制备技术的研发，将推动膜技术在水处理、气体分离和能源回收等方面的应用。例如，新的纳米复合膜和生物膜可以提高水处理的效率和选择性。而且，膜生物反应器和膜蒸馏技术也将在环境工程中起到更大的作用。

　　整体来讲，环境工程物理化学的未来发展将依赖于科学和技术的进步，特别是材料科学、纳米技术、生物科学和能源技术等领域。通过跨学科的研究和合作，人类有可能开发出更有效的方法，来保护环境，实现可持续的发展。

第三章　水资源管理方法与实践

第一节　生态文明理念下的水资源管理

一、生态文明相关概念

（一）生态文明理念与内涵

生态文明，是一种新的社会发展理念，旨在通过尊重、适应和保护自然，实现人与自然的和谐共生。其主要目标是建设一个可持续发展的社会，通过环境友好的生产方式和可持续的消费模式，满足人类的物质和精神需求，同时保护和改善环境。生态文明理念是对工业文明产生的环境问题和挑战的反思和回应，是人类文明发展的重要里程碑。

生态文明的内涵非常丰富，包括以下几个方面。

1.尊重自然、保护自然、顺应自然和爱护自然

尊重自然意味着人们需要认识到人类是自然的一部分，人与自然的关系应该是和谐共生的，而不是对抗和剥削的。保护自然则意味着人们需要采取行动，保护环境，防止环境被污染和破坏，保持生态系统的健康和稳定。顺应自然是指人们需要学习和顺应自然的规律，以此为指导进行生产和生活。爱护自然则要求人们在日常生活中养成环保的生活习惯，从细微之处做起，保护环境。

2.绿色发展和可持续发展

绿色发展是指人们应通过环境友好的生产方式，减少对环境的破坏和污染，提高资源利用效率，实现经济和环境的双赢。可持续发展则意味着在满足当前需求的同时，不损害未来世代满足其需求的能力。这需要人们在发展中均衡考虑经济、环境和社会三个维度，以实现长期的、全面的发展。

3.公平和公正

这意味着在资源的分配和环境问题的处理上，人们需要考虑社会的公平和公正。发展中的国家和地区应该有足够的空间和机会进行发展，而发达的国家和地区，应该承担起更多的环保责任。此外，环境问题的解决也需要考虑公平，不能让一部分人或者地区承受过多的环境压力。

4.环境教育和文化塑造

环境教育是提高公众环保意识的重要途径。通过教育，政府可以使公众了解环境问题的严重性，明白保护环境的重要性，并积极参与到环保行动中来。而环保文化的塑造，则可以使保护环境成为人们生活的一种习惯和风尚，成为社会发展的主流价值观。

生态文明理念是一种全新的发展理念，它呼吁人们重新审视人与自然的关系，推广环境友好的社会发展方式。实现生态文明，需要人们在政策、法律、经济、教育等各个方面下功夫，使保护环境成为全社会的共识和行动。

（二）生态文明建设的背景与发展

在工业革命之前，人类与自然和谐相处，对资源的开发和利用较为有限。然而，随着工业革命的发展，人类对自然资源的开发和利用趋于极端，这使自然环境遭受了严重破坏，带来了大量的环境问题，如空气污染、水体污染、土壤污染、物种灭绝等。进入20世纪后，这些问题逐渐凸显，引发全球关注。人们开始反思传统的工业文明模式，提出必须走可持续发展道路，既满足当代人的需要，又不能损害后代的利益。在这样的背景下，生态文明的概念应运而生。

生态文明的发展经历了从理论提出到实践探索的过程。它的理论源头可以追溯到 20 世纪 60 年代出版的《寂静的春天》，这部揭示人类活动对环境造成了破坏的书籍引起了全球的反响。1972 年，联合国人类环境会议上，环境问题被正式提上了国际议程。

随后几十年，生态文明的理念在全球范围内被广泛接受。很多国家和地区在政策、法规、教育等方面采取了行动，推动生态文明的建设。特别是在 21 世纪，一些国家已经将生态文明建设提升到了国家战略的高度。例如，2007 年中国在中国共产党第十七次全国代表大会报告中首次明确提出"推动建设生态文明"，并在此后的几年中逐步完善了生态文明建设制度体系，实施了一系列的环保政策，为生态文明的建设提供了实践样本。

生态文明的发展是一个长期的、系统的、全面的过程。它需要人们在政策制定、科技创新、社会行为、教育引导等各个层面进行努力，以实现人与自然的和谐共生，实现经济社会的可持续发展。未来，生态文明将会继续引领人们走向更加绿色、健康、和谐的未来。

（三）生态文明建设的评价体系

评价生态文明建设的效果，是理解和推进生态文明发展的关键环节。评价体系通常需要综合考虑各种因素，包括生态、经济、社会等方面，以更全面、更准确地反映生态文明建设的实际情况。

一种可行的生态文明建设的评价体系是"压力—状态—反应"（Pressure-State-Response, PSR）模型。这种模型兼顾环境压力（如污染排放量、资源消耗量）、环境状态（如空气质量、水质状况、生物多样性）和社会反应（如环保政策、公众环保意识）三个方面，可以全面反映生态文明建设的各个方面，有助于人们理解和解决环境问题。

环境压力是评价生态文明建设的一个重要因素。一方面，环境压力可以反映人类活动对环境的影响程度，包括污染排放、资源消耗等方面。评价这些方面的压力状况可以帮助人们理解人类活动对环境的破坏程度，以便采取相应的措施缓解这些压力。另一方面，环境压力也可以反映生态文明建设的紧迫性，有助于人们制定和调整环保政策。环境状态是评价生态文明建设的另一个重要因素。环境状态包括空气质量、水质状况、生物多样性等，可以反映环境的健康状况。评价环境状态可以帮助人们理解环境问题的严重性，以便采取相应的措施改善环境状态。同时，环境状态也可以反映生态文明建设的效果，有助于人们评价和调整环保政策。社会反应是评价生态文明建设的第三个重要因素。社会反应包括环保政策、公众环保意识等，可以反映社会对环境问题的认识和行动。评价社会反应可以帮助人们理解社会的环保行动力，以便提高社会的环保意识，推动环保事业的发展。同时，社会反应也可以反映人们对生态文明建设的接受程度和支持程度，有助于人们评价和提升生态文明建设的社会效果。

生态文明建设的评价体系应该是一个动态的、开放的、多元的体系，可以随着环境问题的变化和社会发展的进步而调整和改进。这种评价体系可以全面、准确地反映生态文明建设的实际情况，有助于人们更好地理解和推进生态文明建设。同时，这种评价体系也可以引导人们在生态文明建设中注重压力的降低、状态的改善、反应的提高，以实现人与自然的和谐共生，实现经济社会的可持续发展。

二、生态文明理念对水资源管理模式的影响

生态文明理念对水资源管理模式影响深远。生态文明理念以尊重自然、保护自然、顺应自然为指导，强调人与自然的和谐共生，倡导绿色发展、循环发展、低碳发展。这种理念对水资源管理模式产生了深刻的影响，推动了水资源管理从资源中心模式向生态中心模式转变。

在传统的水资源管理模式中，人们重视的是水资源的经济价值，倾向于过度开发和利用水资源，以追求经济效益。这种模式往往忽视了水资源的生态价值和社会价值，导致了水资源的过度开采、水环境的污染、水生态系统的破坏等问题。而且，这种模式往往缺乏公众参与，进而导致公众缺乏保护水资源的意识和行动力。

生态文明理念的提出和推广，为改革水资源管理模式提供了新的思

路。这种理念强调了水资源的生态价值和社会价值，提出了持续性、可再生性、系统性、公平性和公众参与等管理原则。

　　持续性原则强调水资源的长期利用。在这个原则指导下，水资源管理不再是短视的、片面的，而是从长远的、全局的角度出发，重视水资源的持续利用，减少过度开采和浪费。例如，通过设定合理的水价，鼓励水资源的节约使用；通过技术创新，提高水资源的利用效率；通过制定法规，限制水资源的过度开采。可再生性原则强调水资源的再生和再利用。在这个原则指导下，水资源管理不再是一次性的、消耗性的，而是以循环经济为基础，推广水资源的再生和再利用。例如，通过科技创新，发展和推广污水处理和回用技术；通过教育宣传，提高公众的水资源再利用意识；通过政策激励，鼓励企业和社区实施水资源再利用项目。系统性原则强调水资源管理的全局视角和系统思维。在这个原则指导下，水资源管理不再是孤立的、碎片化的，而是以生态系统为基础，对水资源管理与生态保护的有机融合。例如，通过流域综合管理，实现水资源管理与土地管理、森林管理、湿地管理的协同；通过生态补偿机制，保护水源地和水生态系统；通过生态修复技术，恢复和提升水生态系统的自净能力。公平性原则强调公平公正的水资源分配。在这个原则指导下，水资源管理不再是片面的、偏颇的，而是以公平公正为目标，保障所有利益相关者的水权和水利。例如，通过立法保障，确保贫困地区和弱势群体的水权；通过市场机制，实现水资源的有效配置；通过公众参与，解决水资源分配的冲突和矛盾。公众参与原则强调公众的参与和监督。在这个原则指导下，水资源管理不再只是政府的事，而是全社会共同的责任。例如，通过公众教育，提高公众的水资源保护意识；通过公众参与，推动公众参与水资源管理决策；通过信息公开，增加公众对水资源管理的了解和信任。

　　生态文明理念对水资源管理模式的影响不仅体现在理念上，还体现在实践上。在生态文明理念的指导下，人们可以构建一个以生态为本、人与自然和谐共生的新型水资源管理模式，以实现水资源的可持续利用，保护水生态系统，保障公众的水权和水利，推动社会的绿色发展，实现人与自然的和谐共生。

三、水生态文明建设总体思路

水生态文明建设的总体思路涉及广泛的领域，包括水资源管理、水环境保护、水安全保障以及水文化教育等多个方面，其目标是在维持经济社会持续发展的同时，兼顾生态环境的保护与修复，确保水资源的可持续利用。

（一）水资源管理方面

人们需要打破传统的资源管理模式，将生态原则融入水资源管理的各个环节中。水资源的保护和利用应该立足于生态文明理念，强调资源的可持续性，注重水资源的节约和再利用。实现科学合理的水资源配置，防止过度开采，提高水资源利用效率，都是人们在这个领域需要关注的重点。同时，考虑到全球气候变化对水资源的影响，人们还需要加强对水资源变化趋势的研究和预测，及时调整水资源管理策略，以适应气候变化的挑战。

（二）水环境保护方面

人们需要加强对水生态系统的保护和修复。水生态系统是生物多样性的重要载体，也是自然环境中不可或缺的一部分。因此，保护水源地、湿地以及其他重要水域的生态环境，预防和治理水污染，恢复和提升水生态系统的自净能力，是水生态文明建设的重要任务。这不仅需要政府部门的积极参与，还需要各个利益相关方，包括企业、社区、公众等的共同努力。

（三）水安全保障方面

人们需要加强水灾防治，提高供水安全，降低潜在风险。对于频发水灾的区域，应实施防洪抗旱方案，加强对水灾的预防和应对。对于供水系统，应提高供水质量，确保供水安全。此外，人们还应积极应对气候变化带来的水安全挑战，如干旱、洪涝、海平面上升等，通过科技创新和政策调整，提高人们应对这些挑战的能力。

（四）水文化教育方面

人们需要通过教育和宣传活动，提高公众的水保护意识和行动力。人们的行为习惯和消费模式对水资源的保护和利用有着重要影响。因此，政府需要通过各种方式，如公共教育、社区活动、媒体宣传等，传播水保护的知识和理念，引导公众形成节约用水、爱护水资源的良好习惯。同时，人们还应鼓励公众参与到水资源管理和水环境保护的实践中来，推动水生态文明建设的深入发展。

水生态文明建设的总体思路应是全方位的、系统的、可持续的。在这个过程中，人们需要尊重自然、保护自然、顺应自然，坚持人与水的和谐共生。人们还需要加强科技创新，以科技力量推动水生态文明建设的发展。最后，各方需要共同参与，让每个人都成为水生态文明建设的参与者和推动者，共同为建设美丽、绿色、和谐的水生态文明而努力。

第二节　水资源规划管理的内容与方法

一、水资源规划的基本内容

（一）水资源规划的概念

《中国工程师手册》中有这样一句话："以水之控制及利用为主要对象之活动，统称水资源事业，它包括水害防治、增加水源和用水。"[①]对这些内容的总体安排即水资源规划。美国的古德曼（Goodman）认为，水资源规划就是在开发利用水资源的活动中，对水资源的开发目标及其功能在相互协调的前提下做出的总体安排。陈家琦教授则认为，水资源规划是指在统一的方针、任务和目标约束下，对有关水资源的评价、分配

---

① 万红，张武. 水资源规划与利用 [M]. 成都：电子科技大学出版社，2018：13.

和供需平衡分析及对策，以及方案实施后可能对经济、社会和环境的影响等方面制订的总体安排。由此可见，水资源规划的概念和内涵随着研究者的认识、侧重点和实际情况不同而有所差异。笔者基本上同意后者的观点，在此给出如下定义：水资源规划是以水资源的利用调配为对象，在一定区域内为开发水资源、防治水患、保护生态环境、提高水资源综合利用效益而制订的总体措施、计划与安排。

水资源规划为将来的水资源开发利用提供指导性建议，小到江河湖泊、城镇乡村的水资源供需分配，大到流域、国家范围内的水资源综合规划、配置，都有广泛的应用价值和重要的指导意义。

（二）水资源规划的目的、任务和内容

水资源规划的目标在于通过评估、分配和调度，有效利用水资源，推动社会经济的发展，同时提升生态环境的质量。这意味着人们必须对水资源进行有计划的开发和利用，同时确保在这一过程中，水资源开发、社会经济进步和生态环境保护能够协调并行，从而达到优化效益的目的。

1.水资源规划的基本任务

水资源规划是一个全面而复杂的过程，它要依据国家或地区的经济发展计划、生态环境保护要求以及各行业对水资源的需求，同时要考虑到区域内或区域间的水资源条件和特性。规划目标的选定、开发治理方案的制订，以及工程规模和开发顺序方案的提出，都要基于以上因素。此外，规划还包括为生态环境保护、社会发展规模、经济发展速度与经济结构调整提出建议。水资源规划的成果不仅是区域内各项水利工程设计的基础，也是编制国家水利建设长远计划的重要依据。

2.水资源规划的主要内容

水资源规划涉及水资源量与质的计算与评估、水功能区的划分与保护目标的确定、供需平衡分析与水量合理分配、水资源保护与水灾害防治规划，以及相应的水利工程规划方案设计及论证等多个方面。此外，它也涵盖了水文学、水资源学、社会学、经济学、环境科学、管理学，以及水利经济学等多门学科，牵涉所有与水有关的行政管理部门。

制订一个科学合理且得到各级政府、水行政主管部门、基层用水单位或个人接受的水资源规划方案，是一项复杂且具有挑战性的任务。随着社会的发展和人们思想观念的变化，人们对水资源的需求也在不断变化，这使如何适应未来社会变化、自然环境变化以及满足区域可持续发展新需求等问题成为对水资源规划的严峻挑战。

（三）水资源规划的类型

1. 流域水资源规划

流域水资源规划指以整个江河流域为研究对象进行的水资源规划，无论是大型江河还是中小型河流都包含在内，简称流域规划。流域规划的研究区域通常按照地表水系的空间地理位置，以流域分水岭为界划分为流域水系单元或水资源分区。这种规划涉及多方面内容，如国民经济发展、地区开发、自然资源和环境保护、社会福利以及人民生活水平等与水资源相关的方面。其研究范围广泛，包括防洪、灌溉、排涝、发电航运、供水、养殖、旅游、水环境保护和水土保持等工作内容。根据不同的流域，规划的重点也有所差异。例如，黄河流域规划主要关注水土保持；淮河流域规划的重点是水资源保护；而塔里木河流域规划则主要侧重于水生态的保护与修复。

2. 跨流域水资源规划

跨流域水资源规划指以多个流域为对象，进行跨流域调水的水资源规划。这种规划的典型例子包括为实施"南水北调"工程以及"引黄济青"和"引江济淮"工程所做的水资源规划。这种调水涉及多个流域沿岸的经济社会发展、水资源使用和生态环境保护等问题。因此，其规划考虑的内容比单个流域规划更加全面和深入，既要考虑水资源再分配对各流域的经济社会和生态环境影响，也要考虑水资源利用的可持续性以及对未来人类的影响及相应的对策。

3. 地区水资源规划

地区水资源规划是指以行政区或经济区、工程影响区为对象的水资源规划。其研究内容基本与流域水资源规划相近，其规划重点则视具体区域和水资源功能的差异而有所侧重。例如，有些地区是洪灾多发区，其水资源规划应以防洪排涝为重点；有些地区是缺水的干旱区，其水资源规划就应以水资源合理配置，实施节水措施与水资源科学管理为重点。在做地区水资源规划时，既要重点关注本地区实际情况，又要兼顾更大范围或流域尺度的水资源总体规划，不能只顾当地局部利益而不顾整体利益。

4.水资源综合规划

水资源综合规划是指针对流域或地区的水资源的综合开发利用和保护而进行的规划。与专项规划不同，它不只关注单一任务，而是涉及水资源开发利用和保护的各个方面，是为综合管理和可持续利用水资源提供技术指导的重要方式。

进行水资源综合规划时，研究人员要基于对水资源及其开发利用现状的明确了解，分析和评估水资源承载能力，并根据经济社会可持续发展和生态系统保护的需求，提出水资源的合理开发、高效利用、有效节约、优化配置、积极保护和综合治理的总体布局和实施方案。规划的目标是推动流域或区域人口、资源、环境和经济的协调发展，并以水资源的可持续利用为支撑，推动经济社会的可持续发展。

二、水资源规划管理的方法

（一）水资源规划方案比选

规划方案的选取及最终方案的制订，是水资源规划工作的最终要求。规划方案多种多样，其产生的效益及优缺点也各不相同，到底采用哪种方式，需要综合分析并根据实际情况而定。因此，水资源规划方案比选是一项十分重要而又复杂的工作。至少需要考虑以下几种因素。

1.满足不同发展阶段经济发展需要

水是经济发展过程中的一项重要资源，水利是重要的基础产业，水资源在一定程度上制约着经济的发展。因此，人们在制订水资源规划方案的时候，要根据不同的问题采取对应的措施。如果是工程性缺水，那就主要解决工程问题，将水资源转化为生产部门能够利用的可供水源；如果是资源性缺水，就主要解决资源问题；如果是建设跨流域调水工程，就需要增加本区域的水资源量。

2. 协调自然水分布与人类需求之间的矛盾

由于地形、地貌和水文气象条件不同，水资源在空间上的分布存在显著差异。同时，这种自然分布与经济社会发展的地理分布往往不匹配。因此，在制订水资源配置方案时，人们需要解决这种自然分布与人类需求之间的不协调问题。

3. 满足技术可行

为了获得效益，每个工程项目的规划方案都必须是可行的并能够实施。如果其中某个工程在技术上不可行，就必然会对整个规划方案的效益产生影响，导致规划方案无法实施。

4. 满足经济可行

规划方案只有满足这一要求，才能保证方案本身经济合理、技术可行，综合效益也在可接受的范围内。但在众多的规划方案中，到底推荐哪个方案，要认真推敲、分析和研究。

关于水资源规划方案比选，主要有两种方法。

第一，在对比分析多个规划方案时，人们可以采用多种评价方法，如定性与定量结合、综合评价计算等。其中包括模糊综合评价、主成分分析法、层次分析法和综合指数法等。这些方法在相关文献中有详细介绍和应用，研究人员应根据实际情况选择适合的方法进行评价分析。

第二，基于水资源优化配置模型进行选择。各选择方案必须符合优化配置模型的约束条件，然后在此基础上选择综合效益最大的方案。人们可以通过水资源优化配置模型进行求解，得到水资源规划方案。另外，还可以利用计算机模拟技术将水资源优化配置模型转化为计算机程序，通过模拟不同配水方案，选择在模型约束条件范围内具有最佳综合效益的方案。这种方法能够提供更科学的决策依据。

（二）水资源配置方法

水资源配置是指在特定区域内，根据高效、公平和可持续的原则，利用各种工程和非工程手段，考虑市场经济规律和资源配置准则，通过合理抑制需求、增加供水、保护生态环境等措施，实现对多种可利用的水源在区域和不同用水部门之间的调配。水资源配置的目标是实现资源的最优利用和合理分配，以满足不同部门和用户的需求，并确保生态环境的可持续发展。这需要综合考虑各种因素，如水资源的可获得性、水质要求、供需关系、社会经济因素和生态环境保护等。通过科学规划和管理，水资源配置可以实现供需平衡、提高水资源利用效率，促进经济发展和社会进步，同时保护生态环境，确保水资源的可持续利用。

水资源配置以水资源供需分析为手段，在对现状进行供需分析并对合理抑制需求、有效增加供水、积极保护生态环境等可能采用的措施进行组合及分析的基础上，对各种可行的水资源配置方案进行生成、评价和比选，提出推荐方案。提出的推荐方案应作为制订总体布局与实施方案的基础。在分析计算中，数据的分类口径和数值应保持协调，各个成果互为输入与反馈，方案与各项规划措施应相互协调。水资源配置的主要内容包括基准年供需分析方案生成、规划水平年供需分析、方案比选和评价、特殊干旱期应急对策制订等。

水资源配置需要进行风险和不确定性分析，考虑不同组合方案或评估方案中水资源需求、投资、综合管理措施等因素的变化。通过对供需分析方案进行技术、经济、社会、环境等指标的比较，并分析各项措施的投资规模和组成，提出推荐方案。推荐方案应综合考虑市场经济对资源配置的作用，如提高水价对需水的抑制作用和产业结构调整对需水的影响等。最终，推荐方案应满足水资源承载能力和水环境容量的要求，实现水资源供需的基本平衡。

（三）水资源供需分析方法

1.水资源供需分析概念、目的和主要内容

水资源供需分析是在特定区域和时间段内，对某一水平年和特定保证率下各部门供水量和需水量的平衡关系进行的分析。其目的是计算水资源供给和需求的平衡情况，分析现状水平年和规划水平年在不同保证率下的水资源供需盈亏状况。这对水资源紧缺或面临水危机的地区具有重要意义。

水资源供需分析的目的是综合评价水资源的供需情况，了解当前状况和变化趋势，并分析导致水资源危机和生态环境问题的主要原因。同时，揭示供水、用水和排水环节中存在的主要问题，以便找到解决问题的方法和措施，以确保有限的水资源能够发挥最大的经济和社会效益。

水资源供需分析的内容包括以下几点。

（1）分析当前水资源的供需现状，并根据现状找寻各种水问题。

（2）根据不同的水平年，分析水资源的供需情况，以寻找在未来水资源需要实现的供需平衡目标。

（3）找出能够实现水资源可持续利用的方法及措施。

2. 现状水平年供需分析

现状水平年供需分析是对特定区域在当前水平年的水资源供给与需求状况进行评估和比较的过程。该分析旨在了解当前水资源供需的平衡状况，评估供需缺口或过剩情况，并揭示可能存在的供水困难、水危机或其他相关问题。通过综合考虑各部门的供水量和需水量，现状水平年供需分析可以确定供需平衡的情况，并为水资源规划和管理提供重要参考。这样的分析有助于管理者制定合理的措施和策略，以优化水资源利用情况，提高供水可靠性，实现经济社会的可持续发展。

3. 规划水平年供需分析

规划水平年供需分析是对特定区域在规划水平年的水资源供给与需求情况进行评估和比较的过程。该分析的目的是了解规划水平年水资源供需的平衡状况，评估供需的匹配程度，并预测未来可能出现的供需缺口或过剩情况。通过考虑预期的经济、人口增长以及其他影响因素，人们可以进行需水量和供水量的预测，并根据这些数据进行供需比较和分析。规划水平年供需分析的结果可以为制订有效的水资源规划和管理策略提供依据，确保未来水资源的可持续利用和供需平衡，以满足社会经济发展的需求。

　　规划水平年供需分析是评估特定区域在规划水平年内水资源供需关系的依据。其目的是了解供需平衡情况，预测未来可能的供需缺口或过剩情况，并为制订有效的水资源规划和管理策略提供依据。通过考虑经济、人口增长等因素，它可以帮助研究者预测需水量和供水量，并进行比较和分析。该分析结果对确保水资源可持续利用、供需平衡以满足社会经济发展需求具有重要意义。

第三节　水资源质量管理的原则与经验

　　水资源规划是一项至关重要的工作，不仅与国家的经济和社会进步紧密相连，还是进行长期资源管理和环境保护长远计划的关键环节。这项规划工作依据国家的发展计划、战略目标以及任务，同时需要各方密切结合研究区域的实际水文水资源情况实施规划方案。水资源规划无疑是对国家及其公民福祉、社会稳定，乃至人类的未来发展都具有深远影响的重大议题。水资源规划的制定由水利行政管理部门负责并应被给予高度重视。有关部门应尽其所能在经济社会发展、水资源的开发利用以及生态环境保护等方面谋求最佳平衡。规划的目标是在资源允许的范围内，最大限度地满足各方面的需求，以最小的投入实现最大的社会、经济和环境效益。制定水资源规划的人员一般需要遵守一些基本原则，以保证规划的科学性、合理性和可行性。

（一）全局统筹、兼顾局部的原则

　　这个原则强调的是在水资源规划中，要以整体为出发点，考虑全面的因素，如区域内的水资源状况、气候变化、社会经济发展等。这意味着要考虑到所有可能影响水资源的全局性因素，并制订出一个综合、系统的规划方案。全局统筹的目标是最大化整体效益，实现水资源的可持续管理和利用。在考虑全局的同时，人们需要关注各个局部的特点和需求。因为在实际情况中，不同地方对水资源的需求和保护情况会有所不同，所以在规划中也需要针对这些差异进行特殊处理，以保证规划的实施效果。例如，某些地区可能面临严重的水资源短缺问题，这时就需要在规划中优先考虑这些地区的需求，制订出相应的应对策略。这个原则强调在宏观和微观层面之间找到平衡，既要看到整体，又不能忽视细节。这是实现水资源科学管理和可持续利用的关键。

（二）系统分析和综合利用的原则

这个原则强调在规划过程中，人们需要从系统的角度去分析水资源的状况。系统分析是一种科学的方法，需要考虑到所有可能影响水资源的因素，如气候、地理、人口、经济等，并分析这些因素之间的相互关系。系统分析能够帮助人们更准确地理解和预测水资源的需求、供应和保护问题，从而制订出更科学、合理的规划方案。另外，人们还需要全面地、多角度地利用水资源，实现水资源的多元化利用。综合利用可以包括多种方式，如饮用、灌溉、发电、休闲等，旨在最大程度地发挥水资源的经济、社会和环保效益。同时，综合利用也需要考虑到资源的可持续性，避免过度开发和利用，提高水资源规划的科学性和有效性，推动水资源的可持续管理和利用。

（三）因时因地制订规划方案的原则

水资源规划需要根据不同时间段的水资源状况，进行相应的规划和调整。研究人员需要考虑到社会经济发展的变化，如人口增长、工业发展等对水资源需求的影响，以及科技进步对水资源管理和保护的影响。另外，研究人员还要根据不同地理区域的特点进行规划。不同地区可能有不同的气候、地形、地质、植被等自然条件，也可能有不同的人口、经济、文化等社会条件，这些都会影响到水资源的状况和需求。因此，规划时研究人员应该根据这些地理和社会因素的差异，制订出适合各自特点的规划方案。"因时因地制订规划方案"的原则强调的是灵活性和针对性，目标是制订出既科学合理，又能满足实际需求的水资源规划方案。

（四）实施的可行性原则

"实施的可行性"原则是研究人员在进行水资源规划时必须考虑到的一个重要原则。这个原则强调水资源规划必须是切实可行的。也就是说，规划必须考虑到实际的技术条件、经济条件、社会条件以及环境条件等各方面因素，确保规划的目标和措施既符合实际，又能在实践中被有效实施。具体来说，例如，在技术条件上，规划方案必须基于现有或预期可以达到的技术能力；在经济条件上，规划方案需要考虑到成本效益、投资回报等因素，确保其经济上的可行性；在社会条件上，规划方案需要考虑到社会的接受度、公平性等问题，以保证社会的支持；在环境条件上，规划方案必须考虑到对环境的影响，遵循可持续发展和生态保护的原则。这个原则的目的是确保水资源规划能够在实际中被有效实施，从而实现预定的目标，推动水资源的可持续管理和利用。

第四节　水资源数字化管理系统新方法与实践

一、水资源数字化管理的定义和重要性

水资源数字化管理是运用信息化技术，包括数据收集、数据处理、模型模拟、数据分析、决策支持等，科学、精确、及时地管理水资源的管理方式。它是一种以数字信息和计算机技术为基础，将水资源的各种信息进行数字化处理后，所形成的一种高效、准确、动态的管理方式。它管理的核心是数据，其数据来源包括遥感卫星、无人机、水文站、流量计、水质监测设备等各种传感设备。其管理平台应可以提供水资源的实时状态、水环境的质量情况、水文气候的变化趋势等多元化、多尺度、多时序的数据。同时，它还可以通过模型模拟，预测未来水资源的变化情况，为决策提供科学依据。

水资源数字化管理的目标是实现水资源的优化配置和可持续利用。

它可以帮助人们精确理解和预测水资源的需求、供应和保护问题，从而制定出更科学、合理的管理策略和措施。

水资源数字化管理的价值体现在以下几个方面。

（1）提高了管理效率。自动化的数据收集、处理和分析，可以大大减少人力资源的投入，提高管理的效率和精度。同时，通过实时监测，人们可以及时发现问题，快速做出决策，避免了管理的滞后。

（2）提高了管理的科学性。通过大数据分析、人工智能等先进技术，人们可以深入挖掘数据的内在规律，揭示水资源的变化趋势，提高管理的科学性。

（3）提高了决策的准确性。通过模型模拟，人们可以预测未来水资源的变化情况，为决策提供科学依据，提高决策的准确性。

（4）提高了公众的参与度。数据可视化可以使公众更直观、更清晰地了解水资源的状况，提高公众的水资源保护意识，增强公众的参与度。

然而，水资源数字化管理也面临着一些挑战，如数据的收集和质量问题、技术的复杂性和成本问题、法规和政策问题等。因此，需要不断地创新技术、进行政策支持、鼓励公众参与，以推动水资源数字化管理的发展。

水资源数字化管理是实现水资源的科学管理、优化配置和可持续利用的有效途径，是水资源管理的重要发展方向。

二、水资源管理目前面临的挑战

水资源管理作为国计民生的重要环节和可持续发展的核心，面临着一系列的挑战。这些挑战主要包括以下几个方面。

（一）水资源短缺

全球范围内，由于气候变化、人口增长、工业发展等因素的影响，人们对水资源的需求持续增加，而供应却日益紧张。根据联合国的报告，到2050年，全球将有超过一半的人口面临严重的水短缺问题。水资源的短缺不仅威胁到人类的生存和发展，还可能引发地区冲突和社会不稳定。

（二）水污染严重

随着工业化和城市化的快速发展，水污染问题日益严重。工业废水、农业排水、生活污水等污染源不断增加，导致水体的污染负荷超过其自净能力所能处理的限度，水质急剧恶化。水污染不仅威胁到人体健康，还对生态环境造成破坏，影响到水资源的可持续利用。

（三）水资源管理效率低下

传统的水资源管理方式，往往以行政区划为单位，忽视了水文单元的整体性和连续性，导致水资源的开发利用和保护存在一定的失衡。同时，数据采集和处理方式较为落后，信息传递和反馈机制效率低下，导致管理的效率和准确性较低。

（四）水资源管理法律法规不健全

在很多地区，水资源管理的法律法规并不健全，或者执行力度不足。缺乏有效的法律法规支持，这使对水资源的开发利用和保护存在一定的难度。同时，水资源的公共性和跨界性，也使水资源管理的法律法规在制定和执行层面面临着较大的挑战。

（五）水资源管理技术和设备落后

尽管近年来，数字化、智能化技术在水资源管理中的应用逐渐增多，但一些地区，还是以传统的手工方式进行水资源的测量和监测，这导致数据的实时性和准确性较差。同时，一些地区的水资源设备较为老旧，运行效率低下，耗能较高，这也是水资源管理要面对的一个重要挑战。

（六）水资源管理的公众参与度不高

水资源的保护和利用，需要全社会的参与和努力。然而，在一些地区，人们由于缺乏对水资源问题的认识和关注，水资源保护的公众参与度不高。这也影响了水资源管理的效果。

面对这些挑战，水资源管理的任务十分艰巨。人们需要通过在科技进步、法治建设、社会参与等多方面的努力，推动水资源的可持续管理和利用。同时，人们也需要引入新的理念和技术，如数字化、智能化、生态化等，以应对日益严峻的水资源问题。

三、水资源数字化管理解决的问题

水资源数字化管理能解决的问题包括但不限于以下几点。

（一）提升决策的准确性

数字化管理的一大优势在于数据分析和模型预测的能力很强，可以揭示水资源的变化趋势、需求、供应和保护方面的现状和问题，为政策制定者提供更准确的决策依据。

（二）提高信息的透明度和公众的参与度

数据可视化技术可以帮助公众和决策者更直观、更清晰地了解水资源的状态，提高公众的水资源保护意识，增强公众的参与度。

（三）优化水资源配置

水资源数字化管理可对水资源进行统一管理和调度，优化水资源的利用和分配，减少浪费，实现水资源的可持续利用。

（四）应对气候变化

水资源数字化管理系统能够帮助人们更好地理解和预测气候变化对水资源的影响，预防水灾风险，为气候适应策略的制定提供科学依据。

（五）保护水环境

通过实时监测水质、流量、降雨等数据，人们可以及时发现和应对水污染问题，有利于保护水环境，保护水资源的生态价值。

（六）应对复杂的水资源问题

许多水资源问题具有复杂性，如跨界水资源管理、洪涝病害防控等，需要通过手机大量的数据和建立复杂的模型进行分析，这是传统方法难以做到的。而水资源数字化管理正好可以提供这样的工具和方法，帮助人们解决这些复杂的问题。

综上所述，水资源数字化管理具有广阔的应用前景，可以解决传统水资源管理面临的许多问题。然而，其实施也需要面对数据质量、技术复杂性、成本问题等方面的挑战，人们需要通过在技术创新、政策推动和人才培养等多方面的努力促进其发展。

四、水资源数字化管理系统的应用

（一）城市水资源管理的数字化应用

城市水资源管理的数字化实践正在全球范围内得到开展，它借助最新的科技进步成果，包括物联网、大数据、云计算、人工智能等技术，实现了更高效和可持续的水资源管理。智能水务系统的建立和发展是重要的一环，通过实时监测和分析水质、水压、流量等数据，人们可以精准地进行供水和漏水检测，避免对水资源的浪费。同时，洪涝预警系统能利用大数据和云计算技术，对洪涝风险进行预测和模拟，以便人们提前做好应对准备，减少可能的灾害损失。另外，研究者还能够通过模拟城市的水循环、水需求、水供应和水环境等，为决策者提供有关未来气候变化对城市水资源影响的重要预测，从而使其更准确地规划和调度水资源。构建公众参与平台，可以让公众更加直观地了解到水资源的使用情况，提高人们的水资源保护意识，也能增强社区参与和环保教育的效果。而在数据共享和互联的层面，研究者要打破数据孤岛，实现数据的互通，为城市水资源管理提供全面而准确的信息。这一点非常重要。例如，将水资源、气候、地理、人口、经济等多源数据进行集成，可以为决策者提供更多的参考信息。

城市水资源管理的数字化实践正在为人们提供一个全新的视角，使人们能够更好地理解、管理和保护城市的水资源。然而，需要注意的是，这项实践并不能一蹴而就，它需要人们持续地投入研发力量，探索更多的实践方法，以实现水资源的可持续发展。

（二）农业灌溉的数字化管理应用

农业灌溉的数字化管理实践已经在全球范围内逐步展开，这种新型的管理模式正在改变传统的农业灌溉方式，为农业生产带来前所未有的可能。现代农业灌溉的数字化管理主要是通过各种先进的传感器技术和无线通信技术，收集土壤湿度、气象状况等方面的相关数据，再通过大数据分析和人工智能算法，精确计算出最佳的灌溉量和灌溉时间。这种智能灌溉系统可以更好地满足作物的灌溉需求，避免浪费水资源，同时提高农作物的生长质量和产量。除了智能灌溉系统外，遥感技术也在农业灌溉的数字化管理中发挥了重要作用。遥感技术可以提供大范围、高频率的监测数据，能够及时准确地获取农作物生长状况、土壤湿度、灌溉需求等信息。结合地理信息系统（GIS）和决策支持系统的遥感技术，能为农业灌溉的决策提供强大的数据支持。

另外，大数据和人工智能技术也为农业灌溉的决策提供了新的可能。通过对海量的灌溉数据进行深度分析和学习，人工智能算法可以模拟各种灌溉场景，预测不同灌溉策略的效果，从而为农民和决策者提供最优的灌溉策略。对于农民来说，移动应用是他们接触数字化管理最直接的方式。移动应用可以让农民随时随地查看灌溉系统的状态，根据需要进行调整。例如，如果天气预报显示接下来会有一场大雨，农民就可以提前调整灌溉计划，避免浪费水资源。精准灌溉设备也是农业灌溉数字化管理实践的重要组成部分。这类设备能够根据农作物和土壤的需求，精确控制灌溉量和灌溉位置。例如，滴灌系统可以将水直接输送到植物根部，从而避免了水分的蒸发和漏失。

农业灌溉的数字化管理实践在全球范围内得到了广泛的关注和应用，大大提高了灌溉效率，节约了水资源，提高了农作物产量，对农业的发展产生了深远影响。未来，随着科技的发展，农业灌溉的数字化管理将更加智能化、自动化。科技发展也会给农业灌溉的数字化管理带来更多的机会和挑战。

（三）水环境保护的数字化监控应用

在现代社会，水环境保护的数字化监控正在成为一项重要的实践。借助现代科技，特别是信息技术、大数据和物联网等先进技术，人们能够更加有效地管理和保护水资源。

数字化监控技术可以实现对水环境的实时监测，从而及时发现和处理各种环境问题。例如，人们可以通过在水体中安装各种传感器，实时监测水质参数，如 pH、溶解氧浓度、浑浊度、总溶解固体量、氨氮浓度等，通过无线网络将这些数据实时传输到数据中心，再通过大数据分析和人工智能技术对其进行处理后，水质监控系统就可以生成实时的水质报告。这种方法不仅可以大大提高监测的效率和准确性，还可以预警并帮助人们及时发现各种水质问题，从而让有关部门快速采取措施进行处理。

数字化监控技术也可以提高水环境管理的精确性和科学性。传统的水环境管理方法往往依赖人工检查和经验，既耗时又耗力，而且准确性和科学性也往往难以得到保证。而通过数字化监控，人们可以精确地知道每一个监测点的水质情况，从而更加科学和准确地制订各种水环境保护措施。例如，人们可以根据各监测点的水质数据，科学规划污水处理设施的位置，从而有效减少污水对水体的影响。此外，数字化监控技术还可以提高水环境保护的公众参与度和透明度。通过网站、手机应用等平台，人们可以随时查看各个监测点的水质情况，从而了解自己所在地区的水环境状况。这种透明度既可以提高公众的环保意识，也可以增强公众对水环境保护工作的信任和支持。同时，人们还可以通过这些平台，报告水污染事件，参与水环境保护活动。

水环境保护的数字化监控实践正在带来影响深远的变革。借助现代科技，人们可以实现对水环境的实时监测、精确管理和公众参与，从而更好地保护水资源。然而，该领域仍需要研究者们不断地探索和创新，持续提升技术能力，以应对水环境保护面临的各种挑战。

（四）水资源调度和优化的数字化应用

水资源调度和优化的数字化实践是一个复杂且富有挑战性的过程，涉及大量的数据收集、处理和分析。其核心目标是通过科技手段，精准分析、管理和调度水资源，以实现其经济、环境和社会价值的最大化。

在数字化的水资源调度过程中，先进的监测设备和传感器负责在各个重要的水源地、水库、河流、水网等关键节点收集数据。这些数据包括水量、水质、流速、水位等，可为数据中心提供实时、精准的水资源信息。同时，云计算、大数据和人工智能等技术，可对收集到的数据进行处理和分析，形成水资源调度的科学依据。例如，基于历史和实时数据，人工智能的预测模型可以预测未来一段时间的水需求、水源供应状况以及气候变化等，有助于人们进行精确的水资源调度。在水资源优化方面，数字化实践可以帮助人们实现对水资源的最佳配置。例如，利用优化算法，有关部门可以在为各类水用户（如居民、工业、农业、生态等）分配最合适的水资源时，兼顾水资源的可持续发展和环境保护需求。数字化技术也可帮助人们发现和减少水资源的浪费，提高用水效率。

另外，利用数字化技术，人们可以建立一套全面的、实时的、可视的水资源管理和决策系统。这套系统可以有丰富的功能，如水资源状态监测、预警、预测、调度、优化、决策支持等，为管理水资源的有关部门提供强大的工具。水资源调度和优化的数字化实践正在帮助人们实现水资源的高效、可持续利用。在未来，随着科技的发展，人们将利用更多的工具和方法来优化水资源的管理。

第四章 污水处理工程技术与方法

第一节 污水预处理技术

污水预处理技术通常包含一系列旨在改变污水物理化学特性并去除一些大颗粒物质和浮游物的步骤。这些步骤为后续的处理过程，如二级生物处理和三级处理，创建了适宜的条件。预处理技术对保护后续处理设施，提高整个污水处理系统的效率和稳定性，以及规避处理过程中的误操作带来的风险等方面，起到了关键的作用。

一、筛选

污水预处理的第一步是筛选，这一过程的主要目标是通过使用格栅或筛网去除污水中的大颗粒杂质。这些杂质包括但不限于塑料袋、纸张、树枝等较大的固体物质。这些物质通常会在家庭生活或者工业生产过程中产生，并随着污水进入处理系统。

污水中的这些大颗粒杂质如果不进行及时处理，很可能会导致一系列问题。首先，它们可能会堵塞污水处理系统的管道。这不仅会导致污水无法正常流动，影响处理效率，而且可能需要安排人员定期清理，增加运维成本。此外，这些大颗粒杂质还可能对污水处理设备产生破坏性影响。例如，一个塑料袋进入泵或者其他旋转设备中，可能会导致设备被卡住甚至被损坏，负责人员就需要维修或更换设备，这无疑会增加设备运行成本。

另外，如果这些大颗粒杂质进入了后续的处理步骤，如生物处理步骤，可能会对微生物活动产生不利影响。例如，大颗粒杂质可能会占据微生物降解有机物质的空间，导致微生物无法正常工作，影响污水处理效果。因此，筛选是污水预处理中极为重要的一步。有效地去除这些大颗粒杂质，可以为后续的污水处理过程创造出一个更为良好的工作环境，同时保护设备，减少运维成本，提高整个污水处理系统的效率和稳定性。

二、沉淀

沉淀作为污水预处理的关键步骤之一，主要发生在专用的沉淀池中。在这个过程中，地心引力将污水中的沉积物、沙石以及其他较重的固体物质从液相中分离出来。这些物质可能包括一些较大的有机颗粒和无机物（如沙石、土壤）以及其他在生活或工业生产中产生的颗粒物质。

重力沉淀的基本原理相当直观，较重的颗粒在水中下沉，而较轻的颗粒或者溶解在水中的物质则保留在液相中。控制污水在沉淀池中的停留时间，可以让固体颗粒有时间下沉到池底，并被分离出来。

沉淀过程对污水处理的后续步骤具有重要意义。首先，去除大量的固体颗粒，可以大大减轻后续处理步骤，如生物处理或者化学处理步骤的负担。这些处理步骤往往对输入污水的质量有较高的要求，如果含有过多的固体颗粒，可能会对处理效果产生负面影响，甚至可能导致污染物堵塞或者损坏设备。

此外，沉淀过程也有利于保护污水处理设备。大颗粒的固体物质，特别是一些硬质的无机物，如沙石，如果进入设备内部，可能会引发部件磨损或者其他机械故障，降低设备的使用寿命，并增加维护和修理的成本。因此，沉淀作为污水预处理的关键步骤，不仅对保障污水处理效率十分重要，还对保护设备和优化运行成本具有重要的作用。有效的沉淀处理可以显著提高污水处理的效果，为后续的处理步骤创造出一个更为理想的工作环境。

三、油水分离

污水预处理的另一重要环节是油水分离，其目标是将油脂及其他浮游物从污水中有效地分离出来。这些物质主要来自餐饮废水、加工工业废水等，如果不进行处理，就会对水体造成严重污染，也会影响后续的污水处理步骤。

实现油水分离的方法有很多种，如气浮法、重力分离法以及使用油水分离器等。气浮法是通过向污水中注入大量微细气泡进行分离的方法。这些气泡会附着在油滴表面，使油滴的总体密度小于水，从而浮出水面，实现油水分离。这种方法主要适用于处理含油浓度较高、油滴较小的污水。重力分离法则利用了油与水密度不同的物理特性。由于油的密度小于水，因此在重力的作用下，油滴会向上浮动。利用这一原理，人们就可以将油从水中分离出来。这种方法适用于油滴较大、易于自然分离的情况。而油水分离器则是利用了物理原理和专门设计的设备，含油污水在设备中停留足够长的时间，油脂等就会浮出水面，就达到了分离的目的。油水分离器的效率与其设计、运行条件，污水中油脂的种类和浓度等因素密切相关。

油水分离是污水预处理的重要环节。有效地去除油脂，不仅可以减轻后续处理步骤的负担，提高整个处理过程的效率，而且可以有效防止油脂对设备的腐蚀和磨损，延长设备的使用寿命，也有利于改善出水质量，保护水环境，达到环保的目标。在这里笔者只做简单介绍，下文中会做详细介绍。

第二节 污水的生物处理方法与技术

一、活性污泥法

（一）活性污泥处理法的基本流程

活性污泥法是当前污水处理技术领域中应用最为广泛的技术之一。其起源于 1914 年的英国曼彻斯特。随着技术的推广和持续创新，研究者对活性污泥法所涉及的生物反应和净化机制进行了深入的研究，并在生物学和反应动力学的理论及工艺方法等方面取得了显著的进展，开发了许多种能够适应不同条件的工艺流程。目前，活性污泥法已被广泛应用于生活污水、城市污水以及有机工业废水的处理，并成了这些领域所运用的主流处理技术。

活性污泥法处理系统主要以活性污泥反应器（曝气池）为核心设备，同时包含了二次沉淀池、污泥回流系统以及曝气与空气扩散系统的组合（见图 4-1）。

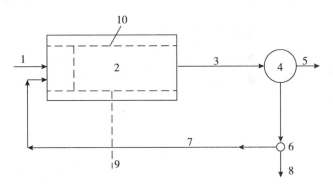

1—经预处理后的污水；2—活性污泥反应器—曝气池；3—从曝气池流出的混合液；4—二次沉淀池；5—处理水；6—污泥井；7—回流污泥系统；8—剩余污泥；9—来自空压机站的空气；10—曝气系统与空气扩散。

图 4-1 活性污泥法处理系统的基本流程（传统活性污泥法系统）

（二）活性污泥净化反应影响因素

活性污泥微生物，就像所有生物一样，只能在适宜的环境条件下生活。活性污泥处理技术的主要目标是人工创造优良的环境条件，增强微生物以降解有机物质为主要过程的生理活动。

影响微生物生理活动强度的因素有很多，主要包括营养物质平衡、溶解氧含量、pH、温度以及有毒物质浓度等。

1. 营养物质平衡

参与活性污泥处理的微生物在进行生理活动时，需从周围环境的污水中获取必需的营养物质，如碳源、氮源、无机盐以及某些生长素等。因此，将要被处理的污水必须含有这些物质才能满足微生物的需求。

2. 溶解氧含量

能够参与污水活性污泥处理的都是以好氧菌为主体的微生物种群。因此曝气池内的污水中必须有充分的溶解氧。溶解氧浓度不够的话，就会对微生物的生理活动产生一系列不良影响，进而影响污水处理的进程，更严重时会使整个处理过程遭到破坏。

3. pH

生物的生理活动与环境中的酸碱度或氢离子浓度有着密切的关联，微生物的正常生理活动必须在酸碱度适宜的环境中进行。酸碱度，通常用 pH 来表示，它在微生物生理活动中的作用主要是影响微生物细胞质膜上的电荷特性。当这种电荷特性发生改变时，微生物细胞吸收营养物质的能力也随之发生变化，这就可能给微生物的生理活动带来不利影响。而且，当 pH 极度偏离适宜的范围时，微生物的酶系统的催化作用就可能被削弱，甚至完全消失。这是因为，酶是一种生物催化剂，它的活性非常依赖环境的 pH，如果环境的酸碱度发生极端变化，可能会影响到酶的结构和功能，进而影响微生物的正常生理活动。因此，控制好环境的酸碱度，是保证微生物正常进行生理活动的重要环节。

4. 温度

温度是影响微生物生理活动的重要因素之一，适宜的温度可以并促进微生物的生长和繁殖，而不适宜的温度则可能会削弱微生物生理活动的强度，或破坏微生物细胞结构。温度不适宜还可能导致微生物在形态和生理特性方面的变化，甚至可能造成微生物的死亡。因此，微生物对温度的依赖性非常强。无论在实验室的研究中，还是在工业生产的过程中，都必须严格控制环境的温度，以保证微生物能在最适宜的环境下进行生理活动。在各种污水处理、废水处理的环节中，温度控制同样是非常关键的。掌握并合理利用这一因素，对于提高污水处理效率，保护水环境具有至关重要的作用。

5.有毒物质浓度

这里提及的"有毒物质"主要是指不利于微生物进行生理活动的无机物和有机物，如重金属离子、酚、氰等。

重金属离子包括铅、镉、铬、铁、铜、锌等元素的离子，这些物质都对微生物有毒害作用，它们能够与细胞的蛋白质相结合并使之变性或沉淀。还有一部分物质与微生物的亲和力比较大，能够与微生物酶蛋白内的硫醇基团相结合，如汞、银、砷的离子，在一定程度上抑制微生物正常的代谢功能。

另外，酚类化合物对菌体细胞也有破坏作用，并且能使菌体蛋白凝固。酚还能对一些酶系统产生抑制作用，例如，脱氢酶和氧化酶对细胞的正常代谢有破坏作用。许多酚的衍生物，如对位、偏位、邻位甲酚、丙基酚和丁基酚，都具有显著的抗菌效果。

甲醛能够与蛋白质的氨基相结合，从而破坏蛋白质的性质，进而破坏菌体的细胞质。

有毒物质对微生物的毒性取决于其在环境中的浓度。只有当有毒物质的浓度达到一定阈值，其毒性和抑制作用才会显现。这个阈值被称为有毒物质的极限允许浓度。只要污水中的有毒物质浓度保持在此值以下，微生物的生理功能就不会受到影响。另外，有机物的化学结构也对微生物的生理功能和生物降解过程有重大影响。

（三）曝气池的形式

曝气池是否能正常发挥作用，会影响活性污泥系统的净化效果。人们把曝气池当作活性污泥反应器，它是活性污泥系统的核心设备。

曝气池通常情况下从以下几个方面进行分类。

1. 平面性状

主要分为长方廊道形、圆形、方形以及环状跑道形。

2. 混合液流动方式

主要分为推流式、完全混合式、循环混合式。

3. 曝气池与二次沉淀池的关系

主要分为曝气 – 沉淀池合建式、分建式两种。

4. 采用的曝气方法

主要分为鼓风曝气池、机械曝气池和两者联合使用的机械 – 鼓风曝气池。

二、生物膜处理法

生物膜处理法是一种常用的污水处理方法，主要利用微生物在接触氧气的过程中进行有机物分解的原理。这种方法主要利用生物膜对污水中的有机物进行降解并起到稳定作用，可以有效减少污水中有机物的含量，改善污水的水质，从而达到环保和经济的双重目的。生物膜是由各种微生物及其代谢产物形成的一种生物层，通常生长在一些固体表面，如活性炭、陶瓷、塑料等。这种固体表面可以为微生物提供一个良好的栖息地，使微生物在其表面快速生长和繁殖。

在污水处理中，这些附着在固体表面的微生物会将污水中的有机物作为能量来源进行降解，同时释放出能够被植物吸收利用的无机物，如二氧化碳、水、无机盐等。这项技术除了能够有效去除污水中的有机污染物外，还可以将污水中的氮、磷等营养元素转化为可被植物吸收的形式，从而实现资源的回收和利用。污水经过生物膜处理后，不仅能够达到排放标准，还能够实现水资源的再利用，实现污水处理的可持续发展目标。但是，实施这种方法还需要考虑到生物膜的形成和维持条件，以及处理过程中可能产生的新的环境问题，如生物膜的脱落、微生物的死亡等问题。因此，生物膜处理法在实施过程中需要配合其他污水处理技术，以确保其处理效果和经济效益达到预期。

生物膜处理法的主要特征如下。

（1）高效降解：生物膜中的微生物具有很强的有机物降解能力，可以有效地去除污水中的有机物。

（2）稳定性强：生物膜对环境变化具有很好的适应性，能够在温度、pH 等环境因素变化较大的情况下保持高效的处理能力。

（3）污泥产生量小：与传统的活性污泥法相比，生物膜处理法污泥产生量较小，有利于降低后续处理的难度和成本。

（4）节省空间：由于生物膜处理法一般采用填充物，微生物能够在较小的空间内对污水进行有效的处理，因此这种方法适用于空间有限或者需要节省空间的场所。

（5）灵活运行：生物膜系统具有较好的负荷冲击承受能力，即使在负荷波动较大的情况下也能保证处理效果。

（6）具有资源回收能力：生物膜处理过程中的部分微生物能够将污水中的氮、磷等营养元素转化为可被植物吸收的形式，实现资源的回收利用。

三、厌氧生物处理技术

厌氧生物处理技术是一种高效且环保的污水处理方法，它运用生物技术原理，在无氧的环境下利用厌氧微生物的分解能力，将污水中的有机物转化为二氧化碳、甲烷等无害或低害物质，从而达到净化污水的目的。

厌氧微生物是一种能在无氧环境下生存并具有降解有机物的能力的微生物。它们可以对污水中的有机物进行分解和转化。在厌氧生物处理的过程中，这些微生物会在污水处理设备中形成一种特殊的生物膜，有效地将有机物分解为二氧化碳和甲烷。这一过程不仅能有效去除污水中的有机污染物，而且过程中生成的甲烷还可以作为清洁能源进行回收利用。

厌氧生物处理技术不仅对有机污染物有良好的处理效果，而且具有可进行能源回收的优点。在处理过程中生成的甲烷，是一种高热值的清洁能源，可以用于发电或热力供应，实现能源的再利用，降低污水处理的能源消耗。因此，厌氧生物处理技术不仅是一种有效的污水处理方法，还是一种具有环保和节能效益的绿色技术。

此外，厌氧生物处理技术产生的污泥量相对较少，可以减少后期污泥处理的难度和成本。在污泥处理方面，相较于需氧处理技术，它具有明显优势。这使厌氧生物处理技术被广泛应用于处理高浓度有机污水，如餐饮废水、食品加工废水和畜禽养殖废水等。厌氧生物处理技术也有其局限性。其处理效率受温度、pH、污水中有机物类型和浓度等多种因素影响。此外，厌氧生物处理技术无法有效去除污水中的氮、磷等营养元素，对于需要达到更高排放标准的污水，还需结合其他技术进行处理。但总的来说，厌氧生物处理技术以其独特的优势，为环境保护和能源回收提供了有效的途径。

（一）厌氧消化的机理

1. 水解阶段

在进行厌氧生物处理的第一阶段，也就是水解阶段，污水中的大分子有机物，如多糖、脂肪和蛋白质等，被特定的微生物降解为小分子有机物。这个过程对于整个处理系统的正常运作来说至关重要。

这个阶段需要水解酶的作用。这些酶由厌氧微生物产生，并可作用于多糖、脂肪、蛋白质等大分子有机物，将其水解为更容易被微生物分解和吸收的小分子有机物，如单糖、氨基酸和脂肪酸。这个过程是生物降解的第一步，也是最重要的一步，因为只有将这些大分子有机物分解，才能为接下来的厌氧微生物提供可利用的营养源。水解阶段的效率直接影响了厌氧生物处理的效果。水解阶段的效率和速度受许多因素影响，包括污水中有机物的类型和浓度、微生物种群的构成和活性、污水的温度、pH等环境因素。因此，对水解阶段的管理和控制对于保证整个厌氧生物处理过程的效果非常重要。

2. 酸化阶段

在进行厌氧生物处理的酸化阶段，已经被水解为小分子的有机物会被进一步转化。这是一个复杂的生物化学过程，称为酸化或发酵过程。

在此过程中，厌氧微生物，特别是发酵细菌，将水解产物，如单糖、氨基酸、脂肪酸等小分子有机物转化为相对分子质量更低的有机化合物。这些产物主要包括醋酸、甲酸、丙酮、丁醇等挥发性脂肪酸和氢气。这个阶段是整个厌氧生物处理过程中十分关键的一环，因为它为后续的甲烷生成阶段提供了必要的物质基础。

这个阶段的效率和稳定性影响了整个厌氧处理系统的运行效果。如果此阶段出现问题，如产酸过快或过慢，都可能对后续的甲烷生成阶段产生不利影响，降低整个处理过程的效率和稳定性。因此，对酸化阶段的监控和管理对保证整个厌氧处理系统的正常运行非常重要。

3. 产乙酸阶段

在此阶段，酸化过程的产物会被进一步转化。这一过程通常被称为酸中和或产酸阶段，是由一组特定的微生物群落，包括酸性酒精发酵菌和醋酸生成菌等来进行的。上一步产生的挥发性脂肪酸，如醋酸、甲酸、丙酮、丁醇等，和氢气一同，被这些微生物进一步转化为乙酸（也被称为醋酸）、碳酸、氢气以及新的细胞生长所需的物质。这个过程的顺利进行，需要一定的 pH 和温度条件，并由特定的酶进行催化。这个阶段的转化过程，为厌氧生物处理的最后阶段，即甲烷生成阶段，提供了必要的底物和环境条件。乙酸、碳酸和氢气，是甲烷生成菌生产甲烷的重要原料。同时，这一阶段生成的新的细胞生长所需物质，也为微生物群落的生存和繁殖提供了物质基础，保证了整个厌氧生物处理系统的稳定运行和高效的处理性能。

4. 甲烷生成阶段

在厌氧生物处理的最后阶段，也就是甲烷生成阶段，醋酸和氢气被特定的微生物——甲烷菌，转化为甲烷和二氧化碳。这是一个极其重要的步骤，因为这个阶段的处理效果直接决定了整个处理系统的效率和环保性。

甲烷菌是一种特殊的厌氧微生物，它能在无氧的环境中生存和繁殖，并将醋酸和氢气作为能量和碳源。它通过自身的代谢活动，将醋酸和氢气转化为甲烷和二氧化碳。这个过程的进行需要一定的环境条件，包括适宜的温度、pH 以及充足的营养物质等。

甲烷的生成不仅是有机污染物最终被降解和去除的标志，还意味着这一技术具有能源价值。过程中生成的甲烷是一种高热值的清洁能源，可以被收集和利用，用于发电或供热等，实现能源的再利用和循环，提高整个污水处理系统的环保性和经济效益。因此，甲烷生成阶段是整个厌氧生物处理过程中的关键阶段。

在上述四个阶段中，有人认为第二个阶段和第三个阶段可以合并为一个阶段，因为这两个阶段的反应是在同一类细菌体内完成的。前三个阶段的反应速度很快，如果用莫诺方程来模拟前三个阶段的反应速率，K_s（半速率常数）可以在 50 mg/L 以下，μ 可以达到 5 kgCOD/(kgMLSS·d)。而第四个反应阶段通常进行得很慢，也是最为重要的反应过程。在前面几个阶段中，废水中的污染物质只是形态上发生变化，有机污染物几乎没有被去除，但在第四个阶段中，污染物会变成甲烷等气体，使废水中的有机污染物含量大幅度下降。同时在第四个阶段碱度上升，产生的碱性物质与前三个阶段产生的有机酸相平衡，维持废水 pH 的稳定，保证反应的连续进行。

厌氧生物处理技术的优势在于，其处理过程中生成的甲烷是一种重要的能源，可用于提供热能或电能。而且，与需氧处理相比，厌氧处理所需能量较少，处理过程中产生的副产品（如污泥）量也较少。

然而，该技术的缺点在于处理时间较长，且对环境条件要求较多。如果温度、pH 值、有机负荷等因素变化过大，可能会影响厌氧微生物的活性，降低处理效率。此外，厌氧处理无法有效去除污水中的含氮、磷等元素的营养盐，需要结合其他处理技术，才能达到更严格的排放标准。

（二）厌氧消化的影响因素

厌氧消化的效率和稳定性受多种因素影响，主要包括以下几个方面。

1. 温度

厌氧微生物的活性受温度影响很大。通常，厌氧消化过程分为温水型（20～35℃）和热水型（45～60℃）两种。温度过高或过低，都会影响厌氧微生物的活性和生存状态，从而影响处理效率。

2. pH

微生物在厌氧消化的过程中对pH的敏感度很高。这个参数会直接影响到厌氧微生物群落的活动水平和稳定性。理想的pH范围通常是中性至微酸性，即在6.5～7.5。pH在这个范围内有助于保持微生物群落的多样性和活性，使微生物能有效地进行有机物的分解和转化。如果环境的pH偏离这个范围，就可能会对微生物造成压力，抑制其生长和代谢活动，从而降低厌氧消化的效率。

特别是在酸化阶段，如果产生了过多的挥发性脂肪酸，环境可能会变得过酸。这可能会抑制甲烷生成菌的生理活动，因为它们通常对pH的变化更为敏感。如果甲烷生成菌的活动受到抑制，甲烷的产量就将降低，就会影响整个厌氧消化过程的效率和稳定性。因此，在进行厌氧消化过程中，工作人员需要密切监测和控制pH，确保其保持在适宜的范围内，以保证厌氧微生物的活性，从而保证整个处理过程的效率和稳定性。

3. 污水中有机物的种类和浓度

在厌氧消化的过程中，有机物种类及浓度对处理效果的好坏起着至关重要的作用。

一方面，不同的有机物在结构和复杂度上有所差异，这会影响其被厌氧微生物分解的速率和程度。例如，简单的糖和某些类型的醇（如甘油）等容易被微生物分解，因此它们被降解的速度较快；而复杂的有机物，如脂肪、蛋白质和纤维素的分解则相对较慢，因为这些物质分子结构更复杂，需要更多种类的微生物花费更多时间才能完成分解。

另一方面，有机物浓度也是影响处理效率的一个关键因素。这是因为有机物为微生物提供了生长和繁殖所需的营养物质。有机物浓度过高，可能会引起微生物过度活跃，由此而产生的大量的酸性代谢产物可能导致系统 pH 降低，从而影响微生物的活性和降解性能。反之，有机物浓度过低，可能会限制微生物的生长和代谢活动，从而降低处理效率。因此，为了保证厌氧处理的效率和稳定性，人们必须根据污水的具体情况，对有机物的种类和浓度进行适当的控制。

4. 微生物群落的构成和稳定性

厌氧消化过程中的微生物活动是复杂且精细的协同过程，涉及多种微生物群体的参与。每种微生物群体在这一过程中都扮演着特定的角色，有些负责水解大分子有机物，有些参与酸化过程，还有一些则负责生成甲烷。这些微生物群体形成了相互依赖的关系，共同推动着厌氧消化过程的进行。

如果这个生态平衡被破坏，例如，关键的微生物种群数量下降甚至消失，那么整个处理过程的效率就都可能会受到影响。例如，如果负责生成甲烷的甲烷菌数量大幅减少，那么甲烷的产量就会下降，也降低了厌氧消化的效率。可见，微生物群体的稳定性对于厌氧消化过程的效率和稳定性至关重要。因此，在设计和操作厌氧消化系统时，维护微生物群体的稳定性，保障关键微生物的活性，是非常重要的。

5. 混合和搅拌

在厌氧消化过程中，适当的混合和搅拌是一项非常重要的操作。这是因为混合和搅拌能够提高微生物和有机物的接触率，使有机物更均匀地分散在反应器中，提供更大的反应表面积，从而促进有机物的降解。

混合和搅拌不仅可以增加微生物与有机物之间的接触，还可以避免有机物在反应器中的沉积和聚集，进一步增强处理效率。另外，适当的混合还能够帮助分散生成气泡并使之悬浮，防止它们聚集在反应器的顶部，影响污泥的稳定性和处理效果。然而，需要注意的是，过度的混合和搅拌可能会对微生物产生剪切力，影响其活性，或者引起污泥的破碎，降低污泥的稳定性。因此，混合和搅拌的力度和频率需要适度，以保证微生物的活性和处理效果的最佳平衡。

6. 氧化还原电位

氧化还原电位（Oxidation–Reduction Potential, ORP）是一种衡量物质氧化或还原能力的参数，单位通常是毫伏（mV）。ORP反映了物质在化学反应中损失或获得电子的能力，可以通过比较测试溶液与参比电极之间的电压差的方法测量。在水处理和环境工程中，ORP常常用于评估处理过程的氧化或还原条件，帮助工程师确定处理策略。例如，在污水处理过程中，ORP可以帮助工作人员判断是否需要增加氧化剂或还原剂，以及它们的添加量应为多少。

在厌氧消化过程中，ORP通常保持在较低水平，因为这个过程需要一个还原的环境。ORP过高，可能会抑制厌氧微生物的活性，影响处理效果。因此，监测和控制ORP是优化厌氧消化过程的重要手段。

7. 水力停留时间

水力停留时间（Hydraulic Retention Time, HRT）是一个在环境工程和水处理中常用的概念，它表示在一个特定的系统或设备中，流体停留的平均时间，通常用系统或设备的有效容积除以流入或流出的流量来计算。例如，如果一个污水处理装置的有效容积为 100 m³，而每天处理的污水量为 20 m³，那么该设备的水力停留时间就是 100/20=5 天。

水力停留时间是一个重要参数。它直接影响微生物的反应时间，进而影响处理效果。在厌氧消化过程中，水力停留时间通常比较长，因为厌氧微生物分解有机物的速度相对较慢。水力停留时间过短，可能会导致有机物未能被充分降解，影响处理效果。然而，水力停留时间过长，也可能会增加设备的占地面积和运行成本。因此，设计合适的水力停留时间对于优化厌氧消化过程是非常重要的。

第三节 污水的物理化学处理方法与技术

一、混凝

（一）概述

混凝作为污水物理化学处理的常用技术之一，在去除污水中的悬浮物、胶体物质和有机物方面发挥着重要作用。进行混凝处理时，工作人员在污水中添加化学絮凝剂和混凝剂，这些化学药剂可以在污水中引发化学反应，使细小的悬浮颗粒聚集成较大的颗粒，形成沉淀物，便于后续的固液分离操作。

混凝利用了化学絮凝剂与污水中的悬浮颗粒发生化学反应或物理吸附后，可使这些颗粒相互聚集，形成较大的絮凝物这一原理。化学絮凝剂通常包括铝盐（如硫酸铝）、铁盐（如氯化铁）和高分子有机絮凝剂等。这些絮凝剂在加入污水后，与悬浮物和胶体物质发生相互作用，改变它们的表面电荷性质，从而增强颗粒之间的吸引力，使它们结合成较大的颗粒。

混凝是为了方便后续的固液分离操作。固液分离通常通过沉降或过滤等方式实现。混凝过程中，形成的较大颗粒逐渐沉降到污泥层，并与上清液分离开来。上清液和污泥层可以通过澄清池或其他固液分离设备进行分离，以获得净化后的水。混凝技术在污水处理中的应用，可以有效地去除污水中的悬浮物、胶体物质和部分有机物，从而改善水质，提高后续处理的效果，并使污水更加符合相关的排放标准和环境要求。

（二）混凝的影响因素

混凝是污水物理化学处理中的重要步骤，其效果受多个因素影响。以下是混凝过程中常见的影响因素。

1. 絮凝剂类型和用量

不同类型的化学絮凝剂对不同的悬浮物和胶体物质有不同的作用效果。选择适当的絮凝剂类型，并根据污水中悬浮物的浓度和性质调整合适的絮凝剂用量，可以提高混凝效果。

2. pH

pH 指示污水的酸碱度，污水的酸碱度对混凝效果有显著影响。不同类型的悬浮物和胶体物质在不同的 pH 条件下，其表面电荷的性质和稳定性有所不同。调节污水的 pH 可以改变颗粒的带电性，进而影响混凝效果。

3. 搅拌时间和速度

设置适当的搅拌时间和速度可以使絮凝剂与悬浮物充分接触、混合，使其有效聚集成较大的颗粒。搅拌时间过短可能导致混凝不充分，而搅拌时间过长则可能导致过度混凝或颗粒破碎。

4. 水质

污水的水质特征，如悬浮物浓度、溶解物浓度、离子浓度和有机物含量等，也会影响混凝效果。含高浓度悬浮物和胶体物质的污水可能需要更多的絮凝剂来达到良好的混凝效果。

5. 温度

温度对混凝速率和絮凝物的形成有一定影响。通常情况下，较高的温度可以加快化学反应，提高混凝效果。但在某些情况下，温度过高可能会导致絮凝剂的降解或颗粒的破碎。

6. 絮凝剂投加顺序

不同的絮凝剂投加顺序可能对混凝效果产生影响。在某些情况下，先投加某些絮凝剂，再投加其他絮凝剂可以改善混凝效果。

7. 水动力条件

混凝过程中的水动力条件，如水流速度、水流方向和水流分布，对絮凝剂和颗粒的混合程度有重要影响。适当的水动力条件可以提高混凝效果。

综上所述，混凝的影响因素包括絮凝剂类型和用量、pH、搅拌时间和速度、水质、温度、絮凝剂投加顺序和水动力条件等。通过合理调控这些因素，人们可以优化混凝过程，实现污水悬浮物和胶体物质的高效聚集，从而提高污水的处理效果。

（三）废水处理中常用的混凝剂和助凝剂

1. 混凝剂

（1）硫酸铝。硫酸铝（$Al_2(SO_4)_3$）是一种常用的无机混凝剂，可以与水中的悬浮物和胶体发生化学反应，使其聚集形成沉淀物。硫酸铝的优点是价格相对较低，对大多数污水中的悬浮物和胶体有良好的混凝效果。当废水的碱度足够时，铝盐投入水中后会发生以下反应：

$$Al_2(SO_4)_3 \cdot 18H_2O + 3Ca(OH)_2 \rightarrow 3CaSO_4 + 2Al(OH)_3 + 18H_2O$$

氢氧化铝以 $Al_2O_3 \cdot xH_2O$ 的形式存在，它是两性化合物，也就是说，它既有酸性，又有碱性，不仅能和酸发生反应，还能和碱发生反应。在酸性条件下，氢氧化铝中氢氧根的浓度如下：

$$\left[Al^3\right]\left[OH^-\right]^3 = 1.9 \times 10^{-33} \text{ mol/L}$$

当 pH=4.0 时，溶液中 Al^{3+} 的浓度为 51.3mg/L。在碱性条件下，水合氧化铝分解，发生以下反应：

$$Al_2O_3 + 2OH^- \rightarrow 2AlO_3^- + H_2O$$

$$\left[AlO_3^-\right]\left[H^+\right] = 4 \times 10^{-5} \text{ mol/L}$$

当 pH=9.0 时，溶液中 Al^{3+} 的浓度为 10.8 mg/L。

当 pH 接近 7.0 时，铝絮凝体溶解的可能性最小。当 pH<7.6 时，铝絮凝体带正电，当 pH>8.2 时，铝絮凝体带负电。当 pH 为 7.6～8.2 时，铝絮凝体带有混杂电荷。

（2）氯化铁。氯化铁（$FeCl_3$）是另一种常见的无机混凝剂，可用于去除废水中的悬浮物和胶体。氯化铁具有较高的混凝效果，尤其对一些难以处理的废水中的有机物和重金属离子具有良好的去除效果。

在盐铁中，当 pH=3.0～5.0 时，会生成水合氧化铁，如下所示。

$$Fe^{3+} + OH^- \rightarrow Fe(OH)_3$$

铁絮凝体在酸性环境中带正电，在碱性环境中带负电，当 pH 为 5.0 ～ 8.0 时，铁絮凝体带有混杂电荷。

废水中阴离子的浓度会改变有效絮凝的 pH 范围。例如，硫酸根离子会增大酸性范围，减小碱性范围；氯离子使酸性和碱性范围都略有增加。

石灰不是一种真正的混凝剂，但它能与碳酸氢盐在碱度较高的条件下发生反应生成碳酸钙沉淀。

（3）高分子有机絮凝剂。高分子有机絮凝剂是一类常见的有机化合物，可用于废水处理中的混凝过程。这些高分子化合物通常相对分子质量较大并具有多个功能基团，能够与废水中的悬浮物和胶体发生化学反应，形成较大的絮凝物，方便后续的固液分离。

（4）天然混凝剂。除了上述常见的混凝剂外，一些天然混凝剂也被广泛应用于废水处理中。例如，明胶、壳聚糖、凝胶体等天然材料具有一定的促进混凝的特征，可用于处理某些特定的废水。

选择混凝剂时，需要考虑废水的性质、目标去除物质以及经济因素等。根据具体的废水情况，可以选择合适的混凝剂或混合使用多种混凝剂，以获得最佳的混凝效果。此外，还需要合理控制混凝剂的投加量、pH、搅拌时间等操作参数，以提高混凝效率并降低成本。

2. 助凝剂

助凝剂是在混凝过程中与混凝剂一起被使用的化学物质，用于增强混凝的效果。助凝剂通常与混凝剂相辅相成，通过增加颗粒之间的相互作用力，达到促进颗粒的聚集和沉淀，提高混凝效率的目标。

硅酸盐是一种常用的助凝剂，可以提高混凝剂的沉淀效果。加入硅酸盐可以增加颗粒之间的吸附和凝聚力，形成更大的絮凝物，从而加速沉淀过程，常用剂量为 5 ～ 10 mg/L。

聚合物类助凝剂常用于水处理，具有增强混凝效果的作用。例如，聚丙烯酰胺（Polyacrylamide, PAM）就是一种常见的聚合物助凝剂，可增加颗粒间的吸引力和黏附力，提高混凝效果。当以铝盐或氯化铁作为混凝剂时，投加少量（1～5 mg/L）的聚合电解质，就会形成较大（0.3～1 mm）的絮凝体。聚合电解质的化学性质基本上不受 pH 影响，也可单独用作混凝剂。

界面活性剂在混凝过程中可以改善颗粒的分散状态，增强混凝剂与颗粒相互作用的效率。界面活性剂通过减少颗粒的表面张力，促进颗粒之间结合，提高絮凝物的形成速率。

胶体黏合剂是一类可以促进颗粒聚集和沉淀的化学物质。通过增加颗粒之间的胶结力，胶体黏合剂可以有效提高混凝效果，并推动沉淀过程的进行。

为了确定废水混凝法的最佳 pH 和混凝剂投加量，研究者仍需通过相关实验进行探索，因为混凝反应过程复杂且受多种因素影响。

二、气浮

（一）气浮的基本原理

气浮是一种常用的污水处理技术，其基本原理是利用气体的浮力将悬浮物和浮游物从水中分离。它通过将气体（通常是空气）溶解于水的方式，在水中形成微小的气泡，并通过气泡与悬浮物颗粒的接触，使颗粒附着在气泡表面，从而使颗粒升浮到水面形成浮渣，实现固液分离。

（二）电解气浮法

电解气浮法是一种特殊的气浮技术，它结合了电解和气浮的原理，用于处理废水中的悬浮物和胶体物质。它利用电解过程中产生的气体和电化学反应来增强气浮效果。

电解气浮法的基本原理如下。

1.电解池

工作人员在电解池中设置正负极板，并让废水通过电解池。正极板通常使用铁或铝，负极板则一般是铁或钢。两极板之间的距离和两极板的配置可根据废水的特性和处理需求进行调整。

2.电解过程

工作人员在电解池中施加直流电压，使正极板上的金属产生阳极气泡和氧化反应，同时负极板上的金属产生阴极气泡和还原反应。气泡的生成增加了气浮效果，进一步使废水中的悬浮物和胶体物质上升到液面。

3.气浮分离

电解过程产生了气泡，废水中的悬浮物和胶体物质会附着在气泡表面上，形成浮渣。这些浮渣会随着气泡上升到液面，形成浮渣层。人们可以通过集渣器或刮渣器等装置对浮渣进行收集和去除。

电解气浮法在气浮的基础上增加了电解过程，电解反应增强了气泡的生成和悬浮物的附着能力。这种方法可以有效去除废水中的悬浮物、胶体物质、重金属离子和有机污染物等。同时，电解气浮法还具有一定的抗油脂和增加胶体稳定性的作用，适用于处理含油废水和胶体物质较难去除的废水。

然而，应用电解气浮法时需要考虑电解产生的气体对系统操作的影响、电解过程中产生的化学物质对废水的影响以及能耗等因素。因此，在实际应用中需要根据具体的废水特性和处理要求进行工艺设计和参数调节。

（三）散气气浮法

当前经常用到的散气气浮法主要有扩散板曝气气浮法（见图4-2）和叶轮气浮法（见图4-3）两种。

1.扩散板曝气气浮法

压缩空气经由具有微细孔隙的扩散装置或微孔管进入水体，然后空气以微小气泡的形式均匀地分散在水中。这些微小气泡具有较大的比表面积和较长的停留时间，能够有效地与悬浮物和胶体物质接触并使之附着。通过浮力作用，悬浮物和胶体物质随着微小气泡上升到水面，并形成浮渣。微气泡气浮技术可以高效、均匀地生成气泡并具有良好的浮渣分离效果，被广泛应用于废水处理和水质净化领域。

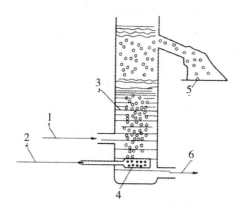

1—入流液；2—空气进入；3—分离柱；4—微孔陶瓷扩散板；5—浮渣；6—出流液。

图 4-2　扩散板曝气气浮法

这种方法的主要优点是操作简单，但是缺点也有很多，例如，空气扩散装置的微孔容易堵塞，气泡比较大，气浮效果不够好等。

2. 叶轮气浮法

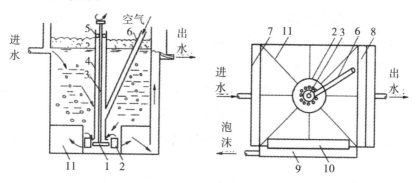

1—叶轮；2—盖板；3—转轴；4—轴套；5—轴承；6—进气管；7—进水槽；8—出水槽；9—泡沫槽；10—刮沫板；11—整流板。

图 4-3　叶轮气浮法

气浮设备的底部装有叶轮和叶片，由转轴和气浮池上部的电机相连接。气浮池的驱动叶轮负责转动，在叶轮的上部还装有带有导向叶片的固定盖板，叶片与水平方向呈 60°，盖板和叶轮之间约有 10 mm 的间距，同时导向叶片和叶轮之间有 5 ～ 8 mm 的间距，盖板上有空洞 12 ～ 18 个，每个孔径为 20 ～ 30 mm，盖板外侧的底部装有整流板。

叶轮在电机的驱动下高速旋转，从而在盖板下形成负压，再由空气管吸入空气，废水由盖板上的小孔进入设备。在叶轮的运作下，空气被转化成细小的气泡，部分空气与水相结合形成水气混合体，剩余空气被甩出导向叶片。在导向叶片的作用下，水流阻力变小，然后污染物在经过整流板稳流以后，在气浮池内垂直上升，进而完成气浮。

通常情况下，叶轮的直径为 200 ～ 400 mm，不超过 700 mm，叶轮的转速一般为 900 ～ 1500 r/min，圆周线速度则为 10 ～ 15 m/s。气浮池的充水深度与吸气量有密不可分的关系，通常情况下为 1.5 ～ 2.0 m，不超过 3 m。除此之外，叶轮与导向叶片间的间距也是影响吸气量的一个关键因素，实践证明，间距超过 8 mm，就会使进气量大大降低。

这种气浮设备一般情况下用于出水量不大，并且污染物质浓度比较高的废水。这种方法的除油效果相对良好，一般能够达到 80%。

（四）溶气气浮法

溶气气浮法主要分为以下几种类型。

1. 饱和溶气气浮法

饱和溶气气浮法是最常见的一种溶气气浮方法。它通过在高压条件下将气体（通常是空气）溶解到水中的方式，使气体最大程度地溶解于水。然后，减压释放溶解气体，使其形成微小气泡，从而实现气浮操作。

2. 部分溶气气浮法

部分溶气气浮法是指在较低压力下将气体溶解到水中，达到气体的部分溶解。随后，工作人员通过减压或机械搅拌等方式，释放部分溶解气体，生成微小气泡从而进行气浮操作。

3. 真空溶气气浮法

真空溶气气浮法是指在水中施加负压的条件下进行气浮的方法。首先，将气体溶解到水中，然后通过减压操作，在负压作用下将气体从溶液中释放出来，形成微小气泡，实现气浮操作。

4.气体再饱和溶气气浮法

气体再饱和溶气气浮法是在气泡生成器中对水进行二次饱和溶气处理的方法。首先，将气体溶解到水中至饱和状态。然后，将水再次通过气泡生成器，在高压条件下再次进行饱和溶气，以增加溶气气泡的数量和细小程度。

5.回流加压溶气气浮法

回流加压溶气气浮法是指对部分出水进行回流加压操作，而其他废水直接送入气浮池的气浮方法。此法适用于含浮物浓度高的废水的固液分离，但气浮池的容积较前两种溶气气浮法更大。

这些溶气气浮方法（见图4-4）都利用气体溶解度的变化以及气体释放过程中产生的微小气泡来实现悬浮物和浮游物的分离。它们适用于处理不同类型的废水，具有高效去除悬浮物和胶体的能力。选择哪种溶气气浮法取决于废水的特性、处理要求以及可用的设备和技术条件。

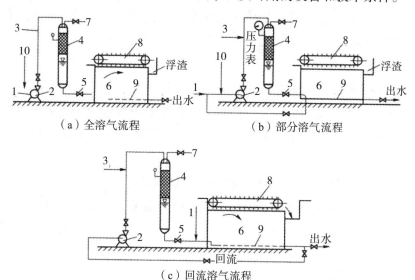

（a）全溶气流程 （b）部分溶气流程

（c）回流溶气流程

1—原水进入；2—加压泵；3—空气进入；4—压力溶气罐（含填料层）；5—减压阀；6—气浮池；7—放气阀；8—刮渣机；9—集水系统；10—化学药液。

图4-4 气溶气气浮法示意图

另外，加压溶气气浮法适用于处理高浓度废水，能够高效地去除悬浮物；电解气浮法具有抗油脂和提高胶体稳定性的作用，适用于特殊废水处理；散气气浮法操作简单，适用于小规模和低浓度悬浮物处理。需要根据废水的特性和处理要求选择合适的气浮方法。

三、吸附

在工业废水中含有很多特别难降解的有机物，这些有机物（如 ABS 以及一些杂环化合物）不能用人们平时使用的生物法来去除。这种情况下，就应使用吸附法。

（一）吸附的类型

当流体与多孔固体接触时，流体中某一组分或多个组分在固体表面处产生积蓄，此现象称为吸附。在吸附过程中，被吸附的物质称为吸附物或吸附质，而吸附它的物质则称为吸附剂。吸附是一种广泛存在于自然和工业过程中的现象。它涉及气体或液体中的溶质与固体或液体表面之间的相互作用。吸附的主要作用力包括范德瓦耳斯力、静电力、化学键等。

吸附过程可以分为物理吸附和化学吸附两种类型。物理吸附过程中吸附物与吸附剂之间的相互作用力较弱，吸附过程可逆，通常发生在低温和低压条件下。化学吸附则涉及吸附物与吸附剂之间的化学反应，吸附过程不可逆，通常需要一定的反应条件。吸附在许多领域都具有重要应用，包括环境保护、催化剂制备、分离与纯化、吸附降解有害物质、药物吸附等。选择合适的吸附剂和优化吸附条件，可以实现对目标物质的选择性吸附和有效分离，有助于提高产品质量、净化废水、降低环境污染等。

吸附是一种常见的物理和化学现象，可以分为以下几种类型。

1. 物理吸附

物理吸附是因吸附剂（如活性炭、硅胶）的表面与被吸附物（如气体、溶液中的溶质）产生范德瓦耳斯力或静电力而发生的。物理吸附是可逆的，吸附剂与被吸附物之间的相互作用较弱，吸附过程通常在常温和常压下进行。物理吸附是由分子力引起的，因此吸附热较小，通常在41.9 kJ/mol 以内。物理吸附能在低温中进行，主要原因是这一过程不必发生化学反应。被吸附的分子因为热运动还会离开吸附剂表面，这种现象被称为解吸，它是吸附的逆过程。物理吸附可以形成两种吸附层，一种是单分子吸附层，另一种是多分子吸附层。因为分子间力是普遍存在的，所以一种吸附剂能够吸附很多吸附质，但是由于吸附剂与吸附质的极性强弱不一样，因此吸附剂对各种吸附质的吸附量是不同的。

2. 化学吸附

化学吸附是吸附剂的表面与被吸附物发生化学反应。在化学吸附过程中，吸附剂与被吸附物之间形成了化学键，这使吸附过程不可逆。化学吸附一般在较高温度下进行，吸附热较大，与化学反应热差不多，一般为 83.7 ~ 418.7 kJ/mol。相比于物理吸附，化学吸附具有更强的吸附力和稳定性。在化学吸附过程中，吸附剂的表面具有活性位点，与被吸附物发生化学反应，形成化学键或键合物。这种化学反应可以包括共价键形成、离子键形成、配位键形成等。由于化学键的形成，被吸附物与吸附剂之间的结合相对较牢固，吸附过程具有较高的稳定性和抗洗脱性。化学吸附通常需要一定的温度和反应条件，以促进化学反应的进行。温度的升高可以提高吸附反应的效率。此外，反应条件（如 pH、压力和浓度等）也可能会对化学吸附效果产生影响。

由于化学吸附的不可逆性和较高的吸附力，它在许多领域具有广泛应用，如催化剂制备、气体分离、离子交换和储能材料研发等。通过理解和控制化学吸附过程，人们可以实现对特定物质的选择性吸附和有效分离，有助于提高产品质量、净化废水、降低环境污染等。

3. 表面吸附

表面吸附是一种吸附现象，这一过程中吸附剂的表面与被吸附物发生相互作用，而吸附剂的内部结构和性质基本保持不变。表面吸附可以包括物理吸附和化学吸附两种类型。在物理吸附中，吸附物与吸附剂之间的相互作用力较弱，吸附过程可逆；而化学吸附涉及吸附物与吸附剂之间的化学反应，吸附过程不可逆。表面吸附在各个领域都有广泛应用，如催化剂、吸附剂的研发，材料科学等，在分离、催化、储能等方面有重要作用。

4. 体积吸附

体积吸附是一种吸附现象，这一过程中吸附剂的孔隙或孔道内的吸附剂与被吸附物之间发生相互作用，形成吸附。体积吸附通常发生在多孔材料中，如活性炭、分子筛等具有丰富孔隙结构的材料。这些孔隙提供了大量的吸附表面积和吸附空间，使吸附剂能够吸附更多的被吸附物。体积吸附在各个领域都有广泛应用，如气体储存与分离、催化剂载体研发、环境污染治理等。通过调控孔隙结构和表面特性，体积吸附可以实现对特定物质的高效吸附和分离，具有重要的工程和科学意义。

5. 选择性吸附

选择性吸附指吸附剂对不同物质具有不同的吸附能力，从而能够选择性地吸附某些物质而不吸附其他物质的现象。这种吸附特性常被应用于分离和纯化的过程，通过选择合适的吸附剂和调控吸附条件，人们可以实现对混合物中目标组分的高效分离和提纯。选择性吸附的实现依赖于吸附剂与目标物质之间的相互作用，如化学键、范德瓦耳斯力、电荷相互作用等。利用选择性吸附，人们能够在复杂的混合物中有针对性地去除有害物质、分离有用的物质，并提高产品的纯度和质量。这一技术在化学、制药、环境工程等领域都有广泛的应用。

吸附作为一种重要的分离、净化和催化过程，在环境保护、化学工程、医药等领域具有广泛的应用。根据不同的吸附类型和特点，人们可以选择适当的吸附剂并调整吸附条件来实现所需的吸附效果。

（二）吸附剂

吸附剂是一种用于吸附过程的材料，能够吸附、集聚和分离目标物质。吸附剂通常具有高表面积、多孔性和特定的吸附性等特点，这使其能够与被吸附物相互作用并实现有效的吸附。

1. 活性炭的制造

活性炭是一种独特的吸附剂，具有高度多孔结构和巨大的比表面积。其特点是具有大量微孔和介孔，这些孔道提供了丰富的吸附表面和空间，使其能够高效地吸附和集聚各种有机污染物等物质。由于活性炭具有极高的比表面积，其内部和外部表面上存在大量的活性位点，这些位点能够与目标物质进行物理吸附和化学吸附。物理吸附是指通过范德瓦耳斯力和静电作用将分子吸附到活性炭表面的现象，而化学吸附则是指目标物质与活性炭表面发生化学反应，形成化学键或键合物的现象。活性炭的制备过程通常涉及原料选择、碳化、激活、洗涤、干燥和筛分等步骤。通过碳化和激活过程，原料中的非碳元素被去除，同时形成了多孔结构和丰富的孔道系统。洗涤和干燥过程可以去除残留的杂质和水分，保证活性炭的质量和性能。活性炭被广泛应用于水处理、空气净化、工业废气治理、溶剂回收、食品和饮料加工等领域。其优异的吸附性能使其能够高效去除有机污染物、异味、色素等，提高水质和空气质量，保护环境和人体健康。同时，活性炭还可以再生和再利用，减少资源浪费和环境影响。

2. 活性炭的细孔构造和分布

在制造活性炭的时候，晶格间生成的空隙形成各种性状以及各种大小的细孔。吸附作用主要发生在细孔的表面。人们把每克吸附剂所具有的表面积称为比表面积。活性炭的比表面积最低可达 500 m^2/g，最高可达 1700 m^2/g。吸附量因比表面积的不同以及细孔的构造和细孔的分布情况不同而有所差异。

活性炭的细孔结构主要取决于活化方法和活化条件。常见的活化方法包括物理活化和化学活化，它们对活性炭的细孔大小和分布有重要影响。

一般来说，活性炭的细孔有效半径范围广泛，通常在 1 ~ 10000 nm 之间。其中，小孔的半径小于 2 nm，过渡孔的半径介于 2 ~ 100 nm，而大孔的半径在 100 ~ 10000 nm 之间。

通过特殊的活化方法，如延长活化时间、减缓加热速度或使用特定的活化剂，人们可以获得具有发达过渡孔结构的活性炭。这些方法能够增加过渡孔的容积和表面积，提高活性炭的吸附性和选择性。细孔的大小不同，因此它们在吸附过程当中所产生的主要作用也各有不同。在液相吸附过程中，吸附质虽然能够被吸附在大孔的表面，但是由于活性炭大孔表面积比例很小，因此活性炭的大孔结构数量对吸附量的影响几乎没有。活性炭的细孔结构的量对其吸附性能的强弱至关重要。较多的细小孔道能提供更多的吸附表面积，使其能够高效吸附和去除目标物质，而较大的孔道则有助于提高物质的传输速率和可及性。

3. 活性炭的表面化学性质

活性炭的吸附特性除与细孔构造与分布情况有关以外，还与活性炭表面的化学性质有关。活性炭是由形状扁平的石墨型微晶体构成的，其中微晶体边缘的碳原子具有不饱和的共价键。这种特殊结构使活性炭的表面容易与其他元素（如氧、氢）结合，形成各种含氧官能团。这些含氧官能团可以赋予活性炭一定的极性。目前，人们对活性炭含氧官能团（也称为表面氧化物）的研究尚不充分，但已经确定了一些常见的官能团，如羟基（—OH）、羧基（—COOH）等。这些官能团存在于活性炭的表面，并且可以通过特定的化学反应与目标物质发生相互作用。它们可以增加活性炭的吸附位点和吸附能力，从而提高活性炭的吸附性能和选择性。活性炭的含氧官能团不仅赋予了活性炭一定的极性，还可以与水分子、气体和溶质等发生各种相互作用。这些相互作用包括氢键、静电相互作用和化学键的生成等，对于活性炭的吸附性能和催化活性起着重要作用。尽管对活性炭含氧官能团的研究仍有待深入，但人们已经认识到它们对活性炭的表面化学性质和功能的重要性。进一步的研究将有助于人们理解和优化活性炭的表面特性，以满足不同应用领域的需求，并推动活性炭在环境治理、水处理、气体吸附等方面的应用进展。

第四节　污水的物理处理方法与技术

污水的物理处理法是指利用物理力学原理去除污水中的悬浮物、沉淀物和颗粒物等固体物质的方法。

一、调节池

（一）调节池的构造

1. 对角线出水调节池

对角线出水调节池是一种常见的设计方式，主要用于确保进入调节池的水体在池中充分滞留和混合，降低水体直通或"短路"的风险。这种设计的主要优点是能有效改善水体在池中的流动特性，提高处理效果。

人们在池内设置若干纵向隔板，可以防止废水短流；池内可以配置沉渣斗，这样就能将废水中的悬浮物进行沉淀，并便于工作人员定期通过排渣管，将沉淀物排出池外。若调节池的容量较大，需要布置的沉渣斗过多，那么可以考虑将调节池设计为平底型，并使用压缩空气进行废水搅拌。重要的是，调节池必须安装放空管和溢流管，根据需要，还可能需要设置超越管。

假如调节池采用溢流堰出水结构，那么它只能起到调节水质变化的作用，不能调节水量的波动。通常要求调节池内的最低水位要超过后续处理构筑物的最高水位，如果不能满足这一点，就应该设置提升设备。这种布置方式能够同时调节水量和水质的变化。

2. 折流式调节池

折流式调节池是通过引导废水在池内折流的方式，进行污水处理的。为了使废水能够在池内折流，工程师在池内设置很多折流板。配水槽设置在调节池的纵向中心线上，经过溢流孔口投配到调节池前后的各个位置，使不同浓度的废水先后从这里混合，进而使废水在池内得到混合和均化。

折流式调节池可以由两到三个独立运行的池体构成，它们按顺序轮流工作。当第一个池子充满水后，水流进入第二个池子。此时，第一个池子里的水通过装置在底部的空气管道并在其中经受搅拌后，再被泵抽取到后续设施内。当第一个池子抽空后，再依次抽取第二个池子里的水。这种方式可以有效地调节水量和水质，提高系统运行的可靠性，但基础设施建设和运营过程所需费用相对较高。

（二）调节池的设计与计算

1. 调节池设计的一般要求

（1）水位调节池是能够调节水位的储水池，一般情况下，进水以重力流方式导入，出水用泵泵出。在水池中，最高水位在设计时不能超过进水管的高度，水深通常情况下为 2 m 左右，或者根据所选位置的水文地质特征进行适当调节。

（2）调节池的形状一般为矩形或圆形。如果是长形池，工程师应设计多个进口和出口，以方便维修和保养。

（3）在调节池当中，应该装有冲洗装置和溢流装置，以排除漂浮物和泡沫，还应装有洒水消泡装置。在出口最好设置测流装置，以监控调节流量。

（4）要想使调节池运行良好，应设置混合和曝气装置。

2. 调节池设计计算

调节池的尺寸和容积与废水浓度变化的范围以及污水处理效果有一定的关系。

当废水的浓度无周期变化时，人们要按照最不利的情况进行计算，也就是说在浓度和流量达到高峰的条件下计算。使用的调节时间越长，废水就越均匀。

当废水浓度呈周期性变化的时候，废水在调节池当中停留的时间也应是有变化周期的。

当废水浓度经过调节以后，它的平均浓度可以按照式（4-1）进行计算。

$$c = \frac{c_1 q_1 t_1 + c_2 q_2 t_2 + \cdots + c_n q_n t_n}{qT}$$　　　　（4-1）

式中 c 是调节时间 T 内，废水的平均浓度，单位 mg/L；q 表示调节时间 T 内，废水的平均流量，单位 m³/h；$c_1, c_2, \cdots, c_n$ 表示废水在各相应时段（$t_1, t_2, \cdots, t_n$）内平均浓度，单位 mg/L；q_1、q_2、$\cdots$、q_n 表示废水在各相应时段（$t_1, t_2, \cdots, t_n$）内的平均流量，单位 m³/h；$t_1, t_2, \cdots, t_n$ 表示时间间隔，其总和为 T。

所需调节池容积（V）可按照式（4-2）进行计算。

$$V = qT = q_1 t_1 + q_2 t_2 + \cdots + q_n t_n$$　　　　（4-2）

当采用对角线出水调节池时，可按照式（4-3）进行容积的计算。

$$V = \frac{qT}{1.4}$$　　　　（4-3）

其中，1.4 为经验系数。

3. 调节池的搅拌

为了使废水能够充分混合并使悬浮物沉淀，调节池需要安装搅拌设备。调节池的搅拌方式主要有以下几种。

（1）水泵强制循环搅拌。在调节池底部设置穿孔管并将其与水泵的压水管相连，就构成了一个强制循环搅拌系统。该系统的工作原理是利用水的动能进行搅拌。虽然这种方式操作简便且易于实施，但是也有动力消耗较大的缺点。

（2）空气搅拌。在调节池底部安装多个穿孔管，并将这些穿孔管与鼓风机的空气管连接，然后利用压缩空气进行搅拌，这就是空气搅拌方法。在使用这种方法时，可按照单位管长（1 m）每小时通过 2 ～ 3 m³ 或者单位池面积（1 m²）每小时需要 5 ～ 6 m³ 的空气量进行计算。这种搅拌方式的优点是可以预先曝气，且搅拌效果良好，但运行成本较高。

如果废水中含有易挥发性的污染物，这种方法可能会导致二次污染。

（3）机械搅拌。机械搅拌是指在池中安装专用的机械搅拌设备进行搅拌。这种方法搅拌效果优秀，但由于设备需要长期浸泡在水中，容易受到腐蚀，因此运行和维护的费用相对较高。

二、格栅与筛网

（一）格栅及其类型

在污水处理过程中，格栅是一种主要的预处理设备，通常用于去除水体中的较大固体和较大的漂浮物。根据格栅条之间的间距，常见的格栅可以分为以下几种类型。

1. 粗格栅

粗格栅是污水处理系统中重要的预处理设备，其主要功能是对污水进行初步的物理处理，去除其中的大型固体和垃圾。这种设备的标志性特点是其格条间距较大，通常为 50 ～ 100 mm。

其设计初衷是对流经的污水进行第一道粗筛选。大型的固体和垃圾，如树枝、石头、塑料瓶等，都会在粗格栅这个阶段被截留并清除。这种处理方式不仅避免了这些大物体进一步进入污水处理系统，可能对管道、泵和其他设备造成损害，还为后续的处理步骤创造了更好的条件，提升了整体的处理效率。粗格栅有利于维护整个污水处理系统的正常运行，减少设备磨损和故障，节省维修成本，同时有利于提高污水处理的效率和效果。然而，粗格栅只能有效拦截大型物体，但对于较小的悬浮物、沉淀物和微生物则无法有效过滤，这些需要依靠后续的处理步骤来完成。

在实际的运行中，粗格栅需要定期清理和维护。大型的垃圾和固体物质可能会在格栅上堆积，从而影响其过滤效果。因此，需要定期进行清理和检查，保证其良好的运行状态，实现有效的污水处理。

2. 中格栅

中格栅是污水处理设备中的关键组成部分，主要用于进一步过滤污水中的中型固体物质。它的特征是格条间距相对较小，通常为

10 ～ 25 mm，这种设计使其能有效地拦截和清除较小的固体物质，如食物残渣、纸张等。在污水处理流程中，中格栅起到了非常关键的作用。粗格栅虽然可以去除较大的垃圾，但对于小到一定程度的固体物质就无能为力。这时，中格栅的作用就显现了出来。它能够有效地拦截和清除那些粗格栅无法处理的较小固体物质，如食物残渣、纸张等，以防止它们进一步流入污水处理系统，对后续的处理设备造成损害或降低处理效率。

虽然中格栅能有效地去除中小型固体物质，但是它并不能处理污水中的所有物质。例如，它无法去除水体中的溶解性污染物和微生物等。这些需要依靠后续的处理过程来完成，如生化处理、深度处理。此外，中型固体物质和垃圾在格栅上的堆积可能会影响其过滤效果，因此，要定期清理这些物质，并对格栅进行维护，以保持格栅的良好运行状态。

3. 细格栅

细格栅在污水处理系统中扮演着精细过滤的角色，针对小型的悬浮颗粒或者纤维物质。它的设计特性是格条间距相对更小，通常为3 ～ 10 mm。

这种格栅设备的主要任务是去除那些已经通过了粗格栅和中格栅，但仍存在于污水中的更小颗粒和纤维物质。由于其小尺寸和轻质等特点，这些物质往往能够顺利逃过前两级格栅的过滤，但在细格栅这一级别，它们就无法再次逃脱。尽管粗格栅和中格栅的存在已经大大减少了进入细格栅的固体垃圾的数量，但是仍有许多较小的悬浮颗粒和纤维物质能够进入细格栅。这些小块物质如果不进行处理，可能会对后续的处理设备，如生化处理设备，造成损害，或降低其运行效率。尽管细格栅对小型颗粒和纤维物质的处理能力较强，但它无法处理溶解在水中的化学物质以及微生物。这些物质的处理需要通过生物处理或化学处理等更高级别的污水处理步骤来完成。在使用过程中，细格栅也需要进行定期的清洁和维护。这是因为过滤出的悬浮颗粒和纤维物质可能会附着在格栅上，从而降低其过滤效率。因此，定期的清洁和维护是必不可少的。

（二）格栅的清除

格栅的清除方式主要有以下几种。

1. 手动清理

手动清理是格栅清除方法中最基本和最传统的方式。这种方式最初由于其简单易行和成本低廉的特性，被广泛应用于各类污水处理设施，特别是那些流量较小的设施。尽管随着技术的进步，已有一些更高效、更便捷的清理方式被开发出来，但手动清理仍然在某些情况下具有不可替代的作用。例如，在一些设备故障或者特殊情况下，手动清理方式可以作为备用清理方式，确保污水处理的连续进行。这种方式主要依赖于工作人员的操作。工作人员需要定期对格栅进行检查，并使用特定的工具，如镰刀、清理钩等，将附着在格栅上的垃圾去除。这一过程往往需要消耗一定的人力和时间，因此，对于处理量较大的设施来说，可能效率较低，但对于处理量较小的设施，或者在特定情况下，这种方式仍然是一种可行和有效的清理方式。尽管手动清理方式在操作中可能比其他方式更为辛苦，但它也有一些优点。例如，它不需要复杂的设备和高昂的维护费用，只需要一些简单的工具，工作人员就可以完成清理工作。此外，因为清理过程完全是人工操作，所以对各种情况的处理更为灵活，例如，处理那些可能卡在机械设备中的较大垃圾时，手动清理就更为有效。

2. 机械清理

机械清理是一种高效的清除格栅截留物的方式，主要适用于处理大流量污水的污水处理设施。这种方式一般依赖于各种高度自动化的设备，如链条式格栅清理机、升降式格栅清理机等，这些设备可以自动或者定时进行清理操作，能够有效地清除附着在格栅上的垃圾。

链条式格栅清理机是一种常见的机械清理设备，其工作原理是利用链条驱动装有清理牙的清理器，并使之沿着格栅进行上下运动，将附着在格栅上的垃圾刮落，并通过输送装置将垃圾输送至指定位置。这种设备运行稳定，清理效果良好，能够处理大流量的污水。

　　升降式格栅清理机则是利用电机驱动清理器进行升降运动，将垃圾从格栅上刮落来进行清理的。相比于链条式设备，这种设备的结构更为简单，维护更为方便。无论是链条式还是升降式格栅清理机，都可以根据实际需要设定运行周期，或者设置感应器，当垃圾堆积到一定程度时自动启动，这样不仅可以确保格栅的清洁，还可以大大降低运行维护的难度。机械清理的方式可以显著降低人力成本，提高清理效率，同时可以提高格栅的工作效率，减少设备的磨损，延长设备的使用寿命。虽然初始投资和运行成本比手动清理高，但从长期来看，机械清理方式能够为污水处理设施带来更多的效益。

　　3.水力冲洗

　　水冲清理方式是利用高压水流对格栅进行清洗的方法，水流强大的冲击力能够有效地清除附着在格栅上的垃圾。这种清理方式尤其适合处理量大且垃圾多的格栅，因为高压水流不仅能清理大块的垃圾，而且对于一些粘附性强或者难以清理的细小颗粒也有非常好的清理效果。水冲清理方式主要是通过高压泵压缩水流，然后通过喷嘴形成高速的水流冲击到格栅表面，利用冲击力将附着在格栅上的垃圾洗掉。这种方法的优点是清洗彻底，操作简单，不需要复杂的机械设备，维护成本也相对较低。

　　然而，这种清理方式也存在一些问题。首先，水冲清理方式的效率受水源和电源的影响，如果供水不足或电力供应不稳定，就可能会影响清理效果。其次，因为清理过程中需要大量的水资源，所以这种方式对水资源消耗较大，可能会引发环保问题。最后，高压水冲方式对格栅的冲击力较大，可能会对格栅造成一定的损害。

　　水冲清理方式是一种高效而强大的格栅清理方法，适用于处理水流量大、垃圾较多的污水。在使用过程中，应注意控制水流的冲击力，避免对格栅造成损害，并尽量节约用水，以达到环保和经济的双重目标。

　　4.气力冲洗

　　空气喷射清理方式是一种利用压缩空气对格栅进行清洗的方法。其核心是将压缩空气喷射到格栅表面，利用强大的气流动力吹落附着在格栅上的垃圾。这种方式对于处理细小、轻质的垃圾，如纸屑、塑料片等，有较好的效果。空气喷射清理方式的主要工作设备是空压机和喷嘴。空压机会将环境空气压缩到一定的体积，然后通过喷嘴形成高速气流对格栅进行冲击。垃圾在气流的冲击下，会被吹离格栅表面。这样就达到了清洗的效果。

相比于其他清洗方式，空气喷射清理方式有其独特的优势。首先，由于清理过程中不涉及水，因此不会引起水资源的浪费，也不会造成二次污染。其次，空气喷射清理方式对格栅的冲击力较小，不会对其造成损伤。最后，空气喷射清理设备结构简单，维护方便，运行成本也较低。然而，空气喷射清理方式也有其局限性。虽然这种方式在处理细小、轻质的垃圾时效果显著，但对于大块或重质的垃圾，其清理效果可能不太理想。因此，在用空气喷射清理方式进行清理时，人们需要根据实际的垃圾类型和处理需求进行调整。总的来说，空气喷射清理方式是一种经济、环保且高效的清洗方式，值得在实际的污水处理过程中得到广泛应用。

（三）格栅的设计参数

由于污水的流量和性质具有显著的波动性，因此精准选择格栅十分重要。下面依据国内外的实际运营经验和实测数据，提供一些设计参数以供设计者参考。

（1）水泵前格栅间隙，需要根据水泵的要求来确定。

（2）污水处理系统之前的格栅，其间隙需要根据清除方式来确定。人工清除的格栅，间隙以 25 ～ 40 mm 为宜；机械清除的格栅条间隙以 10 ～ 25 mm 为宜；格栅条间隙最多不超过 40 mm。

（3）如果泵前的格栅间隙小于或等于 25 mm，那么在污水处理系统中可以不再设置格栅。

（4）栅渣量与当地的特点、格栅的大小、污水的流量和性质以及下水道系统的类型等因素有关，在无当地运行资料时，可以参考以下数值：①当格栅间隙为 16 ～ 25 mm 时，每立方米污水栅渣量为 0.005 ～ 0.01 m³；②当格栅间隙为 30 ～ 50 mm 时，每立方米污水栅渣量为 0.03 ～ 0.01 m³。

栅渣的含水率通常情况下为 80%，密度是 960 kg/m³。

（5）若采用机械格栅，最好不要少于 2 台，如果是一台的话，应当有可人工清除的格栅备用。

（6）通常让污水以 0.6 ～ 1.0 m/s 的流速通过栅条。

（7）在格栅前的渠道内，水流速度通常会控制在 0.4 ～ 0.9 m/s。

（8）建议将格栅倾角设置在 45° ～ 75°，但如果使用机械清渣系统，则倾角可以增加到 80°。

（9）通常来说，水通过格栅时的水头损失范围是 0.08 ～ 0.15 m。

（10）格栅之间需要设立工作台，其高度应比设计最高水位高出 0.5 m，并在工作台上安装安全冲洗设施。

（11）工作台两侧的通道宽度应不小于 0.7 m，而正面通道的宽度则取决于清理方式：若是手动清理，宽度应不小于 1.2 m；若是机械清理，宽度应不小于 1.5 m。

（12）通常，机械格栅的动力设备应放置在室内，或者使用其他保护措施来进行防护。

（13）机械清理时，齿耙的运动速度范围应为 5 ～ 17 m/min。

（四）筛网

筛网，也被称为过滤网、分选网或者筛分网，是用于过滤或筛分材料的一种工具或设备。其主要功能是将材料根据粒度、形状等进行分类。常见的筛网材料有很多，如金属、塑料、纤维等，并且筛网可以有多种网孔形状，如方形、圆形、菱形、六角形等。

筛网可以根据其用途、材料和结构等进行分类。以下是一些常见的筛网类型及其特点。

1. 振动筛网

这种筛网主要应用于矿石、化工、食品以及其他各类工业的生产环节，起着至关重要的作用。具体来说，振动筛网主要用于对原材料或半成品进行分类、筛选和去杂。例如，在矿石加工中，振动筛网可以将矿石按照粒度分级，提高矿石的利用率；在食品工业中，振动筛网可以将杂质从原材料中分离出来，确保食品的质量和安全。振动筛网的优点在于筛分效率高，能快速有效地完成筛分任务。这不仅提高了生产效率，还有助于提升最终产品的质量。此外，振动筛网在工作过程中产生的噪声较小，减少了工作环境的噪声污染。

然而，振动筛网的结构相对复杂，有各种不同的形状和大小，需要根据不同的应用场景选择合适的筛网。例如，筛选矿石和筛选食品需要的振动筛网就可能不同，前者可能需要的网孔更大，而后者可能需要的网孔更小。此外，振动筛网还需要定期进行清洁和维护，以确保其持续高效的工作效能。尤其是在一些易积粉尘或者湿度大的环境中，如果不定期清洗和维护，可能会导致筛网性能下降，甚至被损坏。

2. 不锈钢筛网

不锈钢筛网是筛网的主要类型，其特点是由不锈钢材料制成，这种材料具有出色的耐腐蚀和耐磨性。这意味着，即便在湿度高或易腐蚀的环境下，不锈钢筛网也能保持稳定的性能，不易发生磨损或腐蚀。它的使用寿命较长，使用范围十分广泛，主要应用于化工、食品、医药等多个行业。在化工行业中，不锈钢筛网常用于筛分和过滤各种化学物质，帮助保证化学产品的纯度和质量；在食品行业中，不锈钢筛网用于去除食物中的杂质和非食品级物质，确保食品的安全性和口感；在医药行业中，不锈钢筛网常被用于过滤和净化药物，以保证药品的安全性和疗效。

不仅如此，不锈钢筛网因其独特的物理性质和优良的性能，还常被实验室和科研机构选用，帮助科研人员进行各类物质的筛分和分析。总的来说，不锈钢筛网在各个领域发挥着重要作用，是一种性价比较高的筛网。

3. 尼龙筛网

尼龙筛网以其卓越的耐碱特性闻名，适合过滤各种液体和气体。在许多行业中都有广泛的应用，如矿业、石油开采、化学工业和食品制造等。尼龙筛网具备许多优点。首先，它质量轻，这使安装和移动筛网的操作更为简便。其次，它强度高，能够在高强度的筛分过程中保持稳定。再次，尼龙筛网耐腐蚀，即便在具有强腐蚀性的环境中，也能保持结构和性能的稳定。最后，它易于清洁，这使维护工作变得相对简单，进一步提高了使用寿命和效率。总的来说，尼龙筛网是一种实用且高效的筛网。

4.金属丝网

这种筛网，也常被人们称作金属网、铁丝网，或者钢丝网。其主要功能在于对各种物质进行筛分和过滤。这一处理过程在许多行业中都至关重要，包括矿石、化工、建筑、食品等领域。在矿石行业，金属丝网被用于筛选矿石，以便分离出有价值的矿物质。在化工行业，金属丝网有助于过滤化学产品中的杂质，以保证其纯度。在建筑行业，金属丝网被用于筛选建材，如砂石和混凝土，以保证建筑的质量。在食品行业，金属丝网则可以有效地过滤和筛选食品材料，以确保其安全和清洁。无论是固体、液体，还是气体，金属丝网都能有效地进行筛分和过滤，确保产品质量和生产效率达到较高水平。

使用筛网时，要注意选择适合的筛网类型，根据需要选择适合的网孔大小和形状。同时，使用过程中要定期清理和维护，以确保筛网的筛分效果，延长使用寿命。

三、沉淀

（一）沉淀类型

根据悬浮物的性质、浓度及絮凝性能，沉淀可分为以下4种类型。

1.自由沉淀

自由沉淀也被称为自然沉淀，是一种常见的物理过程，指在没有任何外部干预的情况下，颗粒由于其自身重量大于周围介质（通常是液体或气体），而自然地向下沉降的现象。自由沉淀普遍存在于自然环境和工业过程中。例如，在自然环境中，泥沙颗粒在河流中自然沉淀形成河床；在工业过程中，固液分离时人们经常会利用颗粒的自由沉淀来分离固体和液体。自由沉淀的速度取决于许多因素，包括颗粒的大小、形状、密度，以及介质的黏度和温度等。较大、较密的颗粒在黏度较低的介质中沉降的速度更快。因此，通过调节这些参数，人们可以改变自由沉淀的速度，从而使污水处理达到所需的效果。

值得注意的是，自由沉淀是一种被动的、不需要额外能源输入的过程，因此在许多需要固液分离的场合，人们都会优先考虑采用自由沉淀的方式来处理问题。

2. 絮凝沉淀

絮凝沉淀是水处理过程中的一个重要步骤，目的是去除水中的悬浮颗粒、细菌和其他微小杂质。这一过程涉及两个主要步骤：絮凝和沉淀。

（1）絮凝。在此步骤中，工作人员向水中添加一种或多种絮凝剂。这些化学物质（如铁盐或铝盐）会与水中的微小悬浮颗粒相互作用，使它们聚集在一起形成更大的颗粒，这就是絮凝。这些大颗粒被称为"絮凝体"，它们的形成有助于后续沉淀过程的顺利进行，因为大颗粒更容易沉降。

（2）沉淀。絮凝反应过程中形成的絮凝体由于自身的重量大于水，会自然地向下沉淀，形成沉淀物。这个过程可以在静止的沉淀池中进行，也可以在流动的沉淀器中进行。沉淀后，清水从上部取出，沉淀物则被从底部移除。

絮凝沉淀在许多水处理过程中都非常重要，如供水处理、废水处理等。它不仅可以有效地去除悬浮颗粒，还可以去除部分溶解在水中的有害物质，如磷酸盐、重金属离子等。

（3）区域沉淀。当悬浮物的浓度超过 500 mg/L 时，沉淀过程中各颗粒间的相互阻碍和干扰会导致沉降速度大的颗粒不能超越沉降速度小的颗粒。不论其密度或粒径大小，各颗粒都将保持相对位置不变。在颗粒聚合力作用下，大量颗粒会结合成一个整体并向下沉淀。因此，在沉淀过程中，会形成一个明显的固液界面，并且在宏观观察中，沉淀过程呈现为界面向下移动的状态。二次沉淀池底部所发生的沉淀过程和浓缩池初期的沉淀过程就是这种沉淀方式的典型例子。

（4）压缩沉淀。压缩沉淀是一种特殊的沉淀过程，它发生在悬浮物质浓度较高的液体中。当悬浮物的浓度非常高时，悬浮物颗粒在向下沉淀过程中会互相挤压，从而形成压缩层。在压缩沉淀的过程中，悬浮物颗粒的沉降速度不仅是由单个颗粒的大小或密度决定的，也会受颗粒之间相互作用的影响。随着沉淀过程的进行，颗粒之间的空隙被不断压缩，这使沉淀物体积缩小，密度增大。压缩沉淀在许多工业过程中都有应用。例如，在污水处理过程中，人们经常利用压缩沉淀来增大污泥的密度，以便进行污泥的去除和处理。同时，这种压缩沉淀过程也可以改善污水的澄清效果，因为压缩层能够拦截更多的悬浮颗粒。

需要注意的是，由于颗粒之间的挤压和排挤作用，压缩沉淀过程通常比自由沉淀或絮凝沉淀过程更加复杂，需要更加精细的控制和管理。

（二）沉淀理论

1. 自由沉淀

在静止的水中，污水中悬浮物的沉降速度是在悬浮物的重力与水流对其产生的阻力的共同作用下形成的。悬浮物受到自身重力的影响而下沉，同时会受到水的浮力而减缓下沉的速度。当这两种力量达到平衡，可以使用斯托克斯公式 [式（4-4）] 来表示悬浮物的沉降速度。

$$u = \frac{\rho_g - \rho_l}{18\mu} g d^2 \qquad (4\text{-}4)$$

式中：u 表示沉降速度，单位为 m/s；ρ_g 表示颗粒密度，单位为 g/cm³；ρ_l 表示液体密度，单位为 g/cm³；μ 表示液体的黏滞度，单位为 cm²/s；（St）；g 表示重力加速度，单位为 m/s²；d 表示颗粒直径，单位为 m。

从公式中可以知道，颗粒与液体的密度差、颗粒粒径、液体温度（液体温度影响 μ 的大小）这些因素都与颗粒的沉淀速度有关。

（1）$\rho_g - \rho_1$ 决定沉淀速度 u。当 $\rho_g < \rho_1$ 时，$u < 0$，颗粒上浮；$\rho_g > \rho_1$ 时，$u > 0$，颗粒下沉；$\rho_g = \rho_1$ 时，$u = 0$，颗粒能在水中任意位置呈悬浮状态。

（2）沉降速度 u 与颗粒的直径 d 成正比，因此增大颗粒直径 d，可显著提高沉淀或上浮效果。

（3）沉降速度 u 与液体的黏滞度 μ 成反比，μ 值取决于污水的水质与水温，当水质一定时，水温越高则 μ 值越小，越有利于颗粒下沉或上浮。

斯托克斯公式适用于颗粒呈球形并且颗粒周围的水流为层流状态的理想条件。然而，由于污水中的颗粒形状并非均为球形，因此该公式有局限性。实际上，水处理实践中的颗粒形状、大小和物质密度都有所不同，其沉降情况比自由沉降要复杂得多，因此斯托克斯公式无法完全反映悬浮颗粒的沉降规律。在实际应用中，人们通常通过进行沉淀试验的方法测定水中悬浮颗粒的沉降性能，并绘制出沉降速度与去除率的关系曲线，从而得出在不同去除率下的颗粒最小沉降速度。

2. 絮凝沉淀

在进行颗粒絮凝沉淀时，微粒会进行碰撞从而形成一个整体，这个"整体"随着沉降的进行会不断增大，于是其沉降速度也会不断增大。可知，沉降速度会随着水的深度的增大而增大。另外，由于水深的增加，大颗粒追赶不上小颗粒，因此颗粒间发生碰撞的概率有所增加。因此，悬浮物的沉淀和去除除了与沉淀速度的大小有关，还与颗粒所处的水深有关。对于絮凝沉淀，人们也应当做沉降实验，用来检验沉淀的效果，也就是人们所说的去除率。

3. 区域沉淀和压缩沉淀

水中悬浮物浓度较高时，颗粒间距缩小，这会导致沉降过程中的拥挤沉降现象，其中颗粒间的互相干扰和下沉较快的颗粒引发的液体上涌现象，都会影响颗粒的下沉。实际上，颗粒的真实沉降速度等于自由沉降速度与液体上涌速度之差。随着时间的推移，上层水变清，而下层颗粒浓度增加，这使液体上涌的速度加快，最后所有颗粒以几乎相同的速度下沉，形成清水与浑水分层的现象。

一般情况下，悬浮物质的相对体积为 1% 左右的时候，水中会出现区域沉降现象。区域沉淀的浓度将随着颗粒絮凝性能的增加而下降。

当沉淀界面以恒定速度下沉到特定高度后，其下沉速度逐渐变慢。从等速下沉转换到速度减慢的点被称为临界点。临界点之前的区域被称为区域沉淀区，而临界点之后的区域则被称为压缩沉淀区。

压缩沉淀指的是悬浮物颗粒沉积形成污泥的浓缩过程。最早沉淀的颗粒受到上层污泥的压力，这种压力会导致颗粒间的孔隙水被挤出，从而减小孔隙度并增加污泥的浓度。因此，这个过程也可以被看作不断排除孔隙水的过程。

本节提到的原理，除了可以用于静态实验，来表述动态二次沉淀池与浓缩池的工作效率外，也可以作为二次沉淀池与浓缩池的设计依据。

（三）理想沉淀池

正如前面所叙述的，人们在实际应用当中测定的沉降曲线是在静态情况下进行的，主要描述的是悬浮颗粒在静水中的运动规律。虽然与斯托克斯公式相比，更符合实际一点，但是由于沉淀池中存在紊流现象、进出口水流可能不均匀、悬浮颗粒凝聚等原因，在使用的时候也需要进行修正。分析颗粒在实际沉淀池中的运动规律以及沉淀效果，一般采用哈增模型。哈增模型假定：①进出口水能够均匀分布在整个横断面，在沉淀池中，各过水断面上各点的流速都是相同的；②悬浮物在沉降过程当中以相同的速度下沉；③悬浮物在沉淀过程当中水平分速度与水流速度相等；④当悬浮物落在池底的时候，就认为其已被去除了，不会再重新浮起。

理想沉淀池是指符合上述假设的沉淀池，它包括流入区、沉淀区、流出区和污泥区 4 个功能区域。根据假设，颗粒在理想沉淀池中的运动轨迹可以用向下倾斜的直线表示。颗粒在进入沉淀池后，具有水平分速度和垂直下沉的分速度，随着水流运动而沉淀。

四、沉砂池

沉砂池是一种用于固液分离的水处理设备，常用于处理含有悬浮颗粒物的水体，如污水、工业废水等。其主要作用是通过重力沉降原理，从污水中分离出无机颗粒，同时防止沉降的沙砾中混入过量的有机颗粒。通常由一个大型的容器或池子构成，内部设有适当的流动控制装置。当污水通过沉砂池时，水流速度减慢，这使颗粒物失去悬浮状态，开始下沉。较重的沙、泥等颗粒物会逐渐沉积在池底，而相对较轻的悬浮物则会随着水流进入下一个处理单元。沉砂池的设计应考虑颗粒物的沉降速度、水流速度以及池子的尺寸等因素。通常人们会采用斜板、隔板等结构来引导水流，并增加沉降效果。周期性的清理和排除底部沉积物是保持沉砂池有效运行的重要步骤。

常见的沉砂池有平流沉砂池、曝气沉砂池以及涡流沉砂池，下面将对其做简单介绍。

（一）平流沉砂池

1.平流沉砂池的构造

平流沉砂池是水处理系统中的关键部分，主要用于去除悬浮在水中的沙砾和其他颗粒物质。平流沉砂池通常由入水区、沉砂区和出水区构成。入水区是水流首次进入沉砂池的区域，设计得当的入水区可以使进水的流速较为均匀，且会尽可能减少紊流的产生，以便颗粒物质在沉砂区沉降。沉砂区是沉砂池的主体部分，其通常比较宽阔，以便提供充足的空间和时间让颗粒物进行沉降。沉砂区的设计和尺寸会影响沉降效果，一般情况下，沉砂区设计为可使水流速度更低，且水流方向平稳的形态，这样可以增加颗粒物沉降到池底的概率。出水区是沉砂池最后一部分，从这里将处理过的水引出。出水区的设计应当尽可能保证不将沉降在池底的沙砾带走。平流沉砂池底部通常设有集砂斗，用以收集沉降的颗粒物，这部分沉降物需要工作人员定期用清砂设备进行清理，以保持沉砂池的正常运作。

2. 平流沉砂池的设计

平流沉砂池是一种常见的水处理设备，用于去除水中的悬浮颗粒和沉积物。下面是一个一般性的平流沉砂池的设计步骤和要点。

（1）确定处理需求。确定平流沉砂池的设计参数，包括处理水量、悬浮颗粒的浓度和颗粒大小分布等。这些参数将直接影响平流沉砂池的尺寸和运行条件。

（2）确定尺寸和形状。平流沉砂池通常为矩形或圆形，具体的尺寸取决于处理需求和可用空间。平流沉砂池的长度、宽度和深度应根据水流速度和停留时间来确定，以确保悬浮颗粒有足够的时间沉降到底部。

（3）水流设计。平流沉砂池应具有使水流变得更加平稳、均匀的作用，以保证悬浮颗粒的有效沉降。设计时应考虑设置适当的进水口和出水口位置，以使水流速度更为均匀。

（4）砂层设计。砂层是平流沉砂池的核心组成部分，用于捕集和沉降悬浮颗粒。砂层的厚度和颗粒大小应由处理需求和水质特性来确定。常用的砂层颗粒大小为 0.3～0.6 mm，厚度一般为 0.6～1.2 m。

（5）进水和出水系统。进水系统应确保水流均匀分布在整个砂层上，并避免对砂层造成扰动。出水系统应位于平流沉砂池的上部，以免带走已沉淀的颗粒。

（6）清洗系统。平流沉砂池在运行一段时间后，其砂层部分会积累较多的沉积物，需要进行定期清洗。清洗系统可以包括冲洗水管或回转冲洗装置，用于将沉积物冲刷出砂层。

（7）控制系统。平流沉砂池通常需要一个自动控制系统，用于监测和调节水流速度、砂层厚度和清洗周期等参数。控制系统可以基于水位、压力或流量进行反馈控制。

需要注意的是，平流沉砂池的具体设计应根据实际情况进行调整和优化，考虑到水质特性、处理需求、可用空间和预算等因素。在设计过程中，建议咨询专业的水处理工程师或公司，以确保设计的有效性和可靠性。

（二）曝气沉砂池

1.曝气沉砂池的构造

曝气沉砂池是一种常见的水处理设备，用于去除水中的悬浮颗粒和沉积物。它有曝气和沉砂的功能，能够有效地提高水质处理效果。曝气沉砂池通常由一个混凝池、一个曝气池和一个沉砂池组成。混凝池用于投加混凝剂和将污水与药剂混合均匀，以使悬浮颗粒凝聚成较大的沉淀物。然后，水流进入曝气池。曝气池底部设置曝气装置，如气泡弥散器或曝气管。通过给予水体气泡或气体，曝气装置可以推动气泡上升并让水流做垂直运动，以增加悬浮颗粒与气泡的接触机会，促进颗粒的沉降。在曝气池中，气泡的上升还可以形成涡流和搅动效应，帮助悬浮颗粒与混凝物更好地结合并沉降。

水从曝气池的上部流出，并进入沉砂池。沉砂池是一个较大的容器，可以让水有足够的停留时间，以让颗粒在静止状态下沉降到底部。沉砂池的底部通常覆有一层砂层，用于捕捉和收集沉降的颗粒。底部还设置排泥管或集泥斗，用于定期清除和排出沉积物。

曝气沉砂池的构造还可以根据具体的设计和需求进行调整和改进。例如，人们可以添加倾斜板或隔板来引导水流和沉淀物的运动，以提高沉降效果。此外，池体的尺寸、形状和曝气设备的布置也会因实际情况而有所不同。曝气沉砂池通过结合曝气和沉降两个功能的方式，能够有效地去除水中的悬浮颗粒和沉积物，为人们提供清洁的水质。在设计和操作过程中，需要考虑水质特性、处理需求、池体结构和运行参数等因素，以确保设备的高效运行和良好的处理效果。

2.曝气沉砂池的设计

（1）在曝气沉砂池中，污水应在过水断面附近以 0.25～0.3 m/s 的速度旋转，而在池内应以 0.06～0.12 m/s 的速度水平前进。如果计入预曝气作用，可以将曝气沉砂池的过水断面扩大到原来的 3～4 倍。

（2）在最大流量条件下，污水在曝气沉砂池内的停留时间通常为 1～3 min，且水平流速为 0.1 m/s。如果要增强预曝气的效果，可以延长池身，使停留时间延长到 10 ～ 30 min。

（3）曝气沉砂池的有效水深应在 2 ～ 3 m，宽深比应在 1.0 ～ 1.5，而长宽比可以达到 5。如果池的长度远大于宽度，应考虑安装横向挡板。池的形状应该尽量流畅，避免产生偏流或死角，储砂斗附近可以考虑安装纵向挡板。

（4）沉砂池的一侧应安装空气扩散装置，且其距离池底应为 0.6 ～ 0.9 m。为了调节空气流量，送气管上应设置阀门，并连接到带有小孔的曝气管。曝气量应按 0.1 ～ 0.2 m³/m²（空气 / 污水量）计算，或者按照每平方米池表面积的曝气量为 3 ～ 5 m³/h 计算。

（5）曝气沉砂池的进水口应与池内水的旋转方向一致。通常使用淹没式的出水口，出水方向应与进水方向垂直，并且建议考虑设置挡板。

（6）曝气沉砂池内应当装有消泡装置。

3. 涡流沉砂池

（1）涡流沉砂池的构造。涡流沉砂池是一种高效的污水处理设备，其设计和结构旨在通过产生涡流来使污染物质沉降。池的主体通常呈圆形，以便污水在进入池体后可以形成一个旋转流动的涡流，这可以帮助沉积物向底部沉降。池的进水口和出水口是其关键部分。进水口一般设计在池的顶部或侧部，且应与池内水的旋转方向一致，以更好地形成涡流。出水口通常采用淹没式设计，位于池底，其方向应与进水口垂直。沉砂池的中心部分通常有一个储砂斗，以便收集和移除沉降的固体物质。为了提高沉砂效率并防止偏流或死角的产生，池内常设置纵向和横向挡板。涡流沉砂池充分利用了涡流的力量，优化了污水的处理过程，使其成为一个高效和可靠的污水处理设备。

（2）涡流砂沉池的设计。①涡流沉砂池的最大流速设计为 0.1 m/s，最小流速为 0.02 m/s。②当涡流砂沉池达到最大流量时，停留的时间最好不要小于 20 s，一般设计为 30 ～ 60 s。③进水管的最大流速不要超过 0.3 m/s。

五、离心分离

离心分离技术利用设备内部高速旋转产生的离心作用，将废水中的悬浮物与水分离。高速旋转产生的向心力需要超过物体本身的重力，而向心力的大小与旋转半径、线速度以及旋转物体的质量有关。因此，当含有悬浮物的废水进行高速旋转时，由于悬浮固体和废水的质量差异，二者的受力情况也会不同。质量较大的悬浮固体会被甩到废水的外侧。这样，悬浮物和废水可以通过各自的出口被分别排出，这样就实现了固液分离的目的，使废水得到了净化。

水处理中常用的离心分离设备有离心机、水力旋流器、旋流池等。离心机利用惯性分离液态非均相混合物，使用时要求悬浮物与废水有较大的密度差。离心机的分离效果取决于转速、悬浮物的密度和粒度。水力旋流器，也称旋液分离器，利用离心沉降原理分离悬浮液中的固体颗粒。它的结构和操作原理类似于旋风分离器。水力旋流器由圆筒和圆锥组成，主要用于去除液体中密度较大的悬浮物，如砂粒。悬浮液通过入口管进入旋流器，沿切线方向进入圆筒，并向下形成螺旋状运动。固体颗粒受到惯性的作用被甩到容器壁上，随后沿着下旋流降至锥底的出口排出，形成底流。清液或含微细颗粒的液体则形成上升的内旋流，并通过顶部的中心管排出，形成溢流。在旋转过程中，质量较大的固体颗粒因向心力而被抛到容器壁上并下沉，而质量较小的颗粒留在轴心处，并通过不同的排出口排出。

离心机和水力旋流器在结构上最大的不同是离心机具有高速旋转的圆筒和转鼓，而水力旋流器没有转动部分。离心机的转鼓固定安装在竖直或水平轴上，由电动机驱动而进行旋转，同时带动要处理的废水一起旋转。根据不同的离心机类型，悬浮固体会被甩出并留在滤布上或黏附在转鼓内壁上，而清液则从靠近转轴的孔隙或导管排出。

离心机种类很多，按离心因数（K_e）的大小可以分为常速离心机 [$K_e < 3000$ ，包括低速离心机（ $1000 < K_e < 1500$ ）和中速离心机（ $1500 < K_e < 3000$ ），主要用于一般悬浮物分离和污泥脱水]、高

速离心机（$K_e > 3000$，主要用于分离细粒状悬浮液）和超高速离心机（$K_e > 12000$，主要用于分离颗粒极细的乳化液、油类）。按操作原理可划分为过滤式离心机、沉降式离心机和分离式离心机。按分离容器的几何形状不同，又可以分为转筒式离心机、管式离心机、盘式离心机和板式离心机等。究竟选用哪种离心机，要根据被分离物的性质和分离要求来确定。

六、隔油

炼油厂的工业废水主要含有石油及其产品、悬浮固体和其他有机污染物。水中的油以浮油、分散油、乳化油和溶解油的形式存在。去除粒径大于 10 μm 的分散油是隔油工艺的主要任务，确保高效且稳定的隔油效果对浮选和生化等工序的正常运行至关重要。

1. 含油废水的特征

含油废水具有以下特征。

（1）高浓度油含量。含油废水的油类物质浓度通常较高，可以以浮油、分散油、乳化油和溶解油的形式存在。这些油类物质是炼油厂等在工业过程中产生的副产物或污染物，含量取决于生产工艺和废水处理措施的效果。

（2）悬浮固体。含油废水中常常含有悬浮固体，包括油脂颗粒、颗粒污染物和沉淀物等。这些固体颗粒的粒径各不相同，从可见的沉淀物到微小的悬浮颗粒都有。

（3）油水乳化。在某些情况下，废水中的油和水会形成乳化液，这就是油水乳化现象。这种情况下，油和水的界面变得模糊，这使分离和去除油的操作更加困难。

（4）有机污染物。除了油类物质外，含油废水中还可能存在其他有机污染物，如溶解于水的有机化合物、挥发性有机物等。这些有机污染物可能具有毒性和致癌性，对环境和生态系统造成潜在危害。

（5）pH 和温度变化。含油废水的 pH 和温度通常会有一定的变化范围。这是废水的来源和处理过程中的化学反应等因素不尽相同所致。

综上所述，含油废水具有高浓度油含量、悬浮固体、油水乳化、有机污染物以及 pH 和温度变化等特征。针对这些特征，人们需要采取相应的处理方法和技术，以有效去除油类物质，净化废水。

2. 隔油池

隔油池是一种利用自然上浮法去除可浮油的构筑物，主要包括平流式隔油池和斜板式隔油池。

（1）平流式隔油池。废水通过进水管流入配水槽，然后通过布水隔墙上的孔洞或窄缝从挡油板的下方进入隔油池。在经过隔油池的过程中，相对密度小于水且粒径较大的可浮油粒子会浮到水面上，而相对密度大于 1 的重质油和可沉固体则沉入池底。处理后的水从挡油板下方流出，经集水槽通过出水管排出。隔油池内安装有回转链带式刮油刮泥机，用于刮除浮油和污泥。刮油刮泥机的链带以适当的速度运动，将池底的沉渣刮至泥斗中并排出，同时将水面上的浮油推向集油管。集油管是一根直径为 200～300 mm 的钢管，沿长度开有 60° 的纵向切口，可绕轴线转动。在正常情况下，切口朝上位于水面以上，当油层达到一定厚度后，切口转向油层，浮油溢入管内，并通过管道排出。

平流式隔油池的入流装置通常由穿孔整流墙和挡油板组成，而出流装置则采用挡流板加溢流堰的设计，或在靠近池底处安装穿孔集水管。为确保良好的操作效果，水面以上的保护高度应不小于 0.4 m，而池底则以 0.01～0.02 的坡度朝向泥斗，泥斗壁的倾角通常取 45°～60°。此外，隔油池需要加装防火防雨罩，而在寒冷地区还需要在池内设置蒸汽加热管防止管道结冰。

根据国内外的运行资料，平流式隔油池内污水的停留时间通常为 90～120 min，池内水流的流速一般为 25 mm/s。该隔油池能有效去除粒径不小于 100～150 μm 的油粒子，除油效率可达 70% 以上。其优点在于结构简单、管理方便、除油效果稳定；其缺点是体积庞大，占地面积较大。

（2）斜板式隔油池。斜板式隔油池是一种主要用于处理含油废水的设备。它主要通过改变水流方向和速度，使水中的油滴和悬浮物通过浮升和沉降分离出来。其主要应用领域包括石油和天然气开采、石油精炼、化工、冶金、造纸、食品加工和其他需要处理含油废水的行业。

石油和天然气的开采和生产过程会产生大量的含油废水，这些废水需要经过处理才能排放或重复使用。斜板式隔油池可以有效地将废水中的油滴分离出来。石油炼制过程同样会产生大量含油废水。斜板式隔油池可以将废水中的油分离出来，减少环境污染，并将分离出的油进行回收利用。化工和冶金等工业生产过程常常会产生含有油脂和悬浮物的废水。使用斜板式隔油池可以有效地处理这些废水，保护环境。在食品加工和造纸等行业，同样会产生含油废水。斜板式隔油池可以帮助这些行业降低废水处理成本，同时保护环境。

斜板式隔油池是一种环保设备，其作用是帮助各种行业处理含油废水，降低环境污染，同时节约资源。

第五节　污水的化学处理方法与技术

一、中和法

含酸质量分数超过 5% 或含碱质量分数超过 3% 的废水被定义为高浓度废水，通常被称为废酸液或废碱液。对于这类废水，首要策略是尽可能地回收和再利用。而对于含酸质量分数低于 4% 和含碱质量分数低于 2% 的废水，如果没有有效的利用方法并且回收价值不高，推荐使用中和法进行无害化处理，将废水的 pH 调整至工业废水排放标准范围内（即 pH 为 6 ~ 9）后进行排放。

中和法主要包括自中和法、加药中和法和过滤中和法。自中和法，又被称为均衡法，是将酸性和碱性废水混合，通过自然反应使 pH 趋近中性。加药中和法和过滤中和法则分别通过投入药剂或使用滤料作为中和剂的方式，利用化学反应调整废水的 pH，这两种方法也被称为 pH 控制法。

理论上，可以通过化学方程式计算出中和处理所需的中和剂的理论用量，只要酸和碱的当量数相等，理应可以完全中和。然而，由于废水的成分复杂和存在干扰因素，人们通常需要通过实验——具体来说，是滴定实验——来确定中和剂的实际投加量。

（一）酸碱废水自中和法

自中和法是一种处理酸碱废水的简单且经济的处理方法，适用于处理各种浓度的酸碱废水。此法所需的主要设备是酸碱混合反应池，但具体设备配置需根据实际的酸碱废水排放情况进行设计。

在酸碱废水排放量稳定，且其含量可以互相中和的情况下，可以直接在管道内完成混合和中和反应，无需额外设置中和池。然而，这种理想状况并不常见。如果酸碱废水的浓度和流量有较大波动，那么就需要设立一个混合反应池，也叫作中和池，并可能需要添加中和药剂。

（二）加药中和法

加药中和法是一种通过向酸性废水添加碱性物质，或者向碱性废水添加酸性物质的方式来改变废水 pH 的处理方法。这是一种在废水处理中广泛使用的中和技术。

在加碱中和酸性废水的过程中，最常用的药剂是石灰，它适用于处理所有浓度的酸性废水。其他常用的药剂包括石灰石、电石渣、纯碱和烧碱。具体来说，对于硫酸废水，常用的中和药剂是石灰、纯碱和白云石；对于盐酸废水，常用的中和药剂是石灰石和电石渣；而对于硝酸废水，常用的中和药剂是白云石和熟料。

在对酸性废水进行加药中和之前，可能需要先进行一些预处理，如清除悬浮杂质、均衡水质和水量，这样可以降低所需的药剂用量，并为处理过程提供稳定的条件。

对碱性废水进行中和的常用物质包括硫酸、盐酸以及含有 H_2S、CO_2、SO_2 等成分的酸性废气。工业硫酸因价格低廉，通常是首选的中和剂。使用盐酸的优点在于其反应产物溶解度大，产生的泥渣少，但也会导致处理后的水中溶解的物质浓度较高。另外，使用烟道气吹入的方法处理碱性废水是一种经济且有效的方法，但其缺点是处理后的废水，其硫化物、色度和耗氧量会显著提高。

（三）过滤中和法

过滤中和法是一种反应器中和方法，其原理是让酸性废水通过反应器内部含有中和能力的碱性滤料层，并在这一过程中进行中和反应。这样既实现了过滤，也达到了中和的效果。

过滤中和法适合处理含油和悬浮物少、酸质量分数低于 2% ～ 3% 且可生成易溶盐的各种酸性废水。此方法中的滤料大部分用的是来源丰富且价格便宜的石灰石，同时大理石和白云石也常被作为滤料使用。

过滤中和法所需的设备通常是中和滤池，也称为中和反应器。根据设施或设备的结构及运行方式的不同，它们可以分为 3 种类型：普通中和滤池、升流式膨胀中和滤池和滚桶式过滤中和反应器。

（1）普通中和滤池，也称为固定床中和滤池，主要分为平流式和竖流式两种，其中竖流式较为常用，包括升流式和下流式。这种滤池主要适用于处理含有盐酸或硝酸的废水。对于含硫酸的废水，可以使用白云石作为滤料，同时需要控制进池废水的硫酸浓度。当废水中存在可能堵塞滤料的物质时，需要进行预处理。然而，实践证明，这种滤池中和效果一般，处理后的废水 pH 偏低，可能需要额外的处理或稀释才能排放，且其中的金属离子不易沉淀。

（2）升流式膨胀中和滤池，又称为流化床中和反应器。其水流方向从下至上，处理效果相对较好。然而，它也需要限制废水进池时的硫酸浓度，处理后的废水常常需要进一步处理。此类滤池对滤料的粒径有严格要求，通常为 0.5 ～ 3 mm。在运行过程中，滤料会逐渐消耗，因此需要定期补充。

（3）滚桶式过滤中和反应器，它对滤料的要求不高，通常粒径不超过 150 mm。这种设备适合处理浓度高的硫酸废水和其他酸性废水，能够直接处理含有悬浮物或纤维素的废水，无需让废水事先经过沉淀池。但是，滚桶式过滤中和反应器体积大，结构复杂，因此需要更高的成本。虽然目前已有定型产品，但这种方式仍存在运行噪声大和设备易受腐蚀的问题。

二、化学氧化还原技术

化学氧化还原技术的核心是在废水中添加强氧化剂或强还原剂。氧化还原反应能够把水中的有毒有害物质转化为无害物质，或者把它们变为难溶于水的物质，从而实现污染物的去除。

（一）化学氧化法

化学氧化法是一种处理废水和有害物质的常见方法。这种方法是通过添加化学氧化剂的方式破坏有害物质的。这样可使它们被氧化为无害或低毒的物质，从而实现对污染物的去除。这种方法主要用于处理含有难以被生物降解的有机物、重金属等有害物质的废水。然而，这种方法可能需要较高的处理成本，因为需要使用大量的氧化剂，并可能产生一些副产物。

1. 空气氧化法

空气氧化法是一种废水处理技术，主要用于处理含有易氧化物质的废水。它的工作原理是通过增加废水中的氧气含量，使废水中的有毒有害物质与氧气发生化学反应，使之被氧化为低毒或无毒的物质，从而去除污染物。

这种方法通常用于处理含有有机物、硫化物、亚硝酸盐等可被氧化的污染物的废水。空气氧化法相较于其他氧化法的优点在于，不需要添加化学氧化剂，因此成本相对较低，同时减少了副产物的生成。然而，这种方法对于难以被氧化的物质，如某些重金属或顽固性有机物，可能效果不佳。

2. 氯氧化法

氯是常用且强力的氧化剂，氯气、液氯、次氯酸（钠）及漂白粉都可在氯氧化法中作为氧化剂。它们用来氧化废水中的酚类、醛类、醇类物质，还有洗涤剂、油类、氰化物等有机物和无机物。此外，氯氧化法还有杀菌、去臭、脱色和消毒的效果。在化学行业，这种方法主要用来处理含有氰、酚、硫化物的废水和染料废水。电镀行业用它来处理含氰废水，完全将氰化物氧化为氮和二氧化碳。供水厂则经常用氯氧化法对饮用水进行消毒。

3. 臭氧氧化法

臭氧氧化法是一种使用臭氧作为氧化剂的废水处理方法。臭氧是一种强氧化剂，它能够氧化并破坏废水中的有机物和某些无机物质，并将其转化为无毒或低毒的物质。这种方法主要应用于处理含有难降解有机物、重金属离子、氰化物等有害物质的废水。由于臭氧的氧化能力很强，这种方法在处理一些难以采用生物处理的有害物质时，效果往往比生物处理方法更好。另外，臭氧氧化法还具有杀菌和脱色的效果，因此也常用于水的深度处理和饮用水的消毒。然而，臭氧氧化法的操作成本相对较高，一般需要专门的设备来产生和注入臭氧。

4. 光氧化法

光氧化法是通过光照加强氧化剂的氧化效应，进而氧化污染物的废水处理方法。例如，水中的氯氧化剂会产生次氯酸，它在无光条件下会分解为次氯酸根。然而，在紫外光照射下，次氯酸会分解并生成新的活性氧，这种活性氧具有极高的氧化能力。实践证明，光照下的氯氧化效能是无光照的 10 倍以上，并且一般不会产生沉淀。光氧化法可处理有机物和能被氧化的无机物，其氧化剂包括氯、次氯酸盐、过氧化氢、空气和臭氧等，使用紫外光作为光源。可以根据不同的污染物选择不同波长的紫外光，以最大限度地发挥光氧化的作用。

（二）化学还原法

化学还原法是一种通过加入化学还原剂，使废水中的有害物质进行化学反应并被还原为无害或低毒物质的废水处理方法。化学还原法主要应用于处理含有重金属离子、硫化物、硝酸盐、某些有机化合物等可被还原的污染物的废水。这种方法的优点是能够快速且有效地去除或减少废水中的有害物质，但缺点是可能会产生一些化学反应的副产物，而且处理成本可能会比生物处理方法更高。常用的化学还原剂包括硫酸亚铁、硫化氢、硫酸氢钠、硫代硫酸钠、二氧化硫、甲醛等。其中，硫酸亚铁硫酸氢钠常用于处理含有重金属离子的废水，而硫化氢则常用于处理含有硫化物的废水。

含汞废水的处理可以使用硼氢化钠和甲醛等作为还原剂，也可以添加比汞更活跃的金属如铁、锌、铜、锰、铝作为还原剂，以此来置换和分离汞。其中，铁和锌作为金属还原剂，应用最为广泛，并且效果显著。

三、离子交换

离子交换技术是一种常用的水处理方法，它主要通过离子交换树脂来移除水中的一些特定离子。这种技术被广泛应用于硬水软化、废水处理以及纯净水和超纯水的制备等领域。在离子交换过程中，水流通过充满离子交换树脂的柱塔，水中的目标离子会被树脂上的离子替换，从而从水中移除。例如，在硬水软化中，钙和镁离子会被树脂上的钠离子替换，硬水就变为软水。

离子交换技术的优点是可以针对特定的离子进行高效的移除，而且处理效果稳定。但是，这种技术可能需要定期对树脂进行再生处理，以恢复其离子交换能力，因此可能会产生一些再生液废水需要处理。此外，对于一些难以用离子交换方式移除的离子，如某些有机离子，这种方法可能效果不佳。

（一）离子交换剂的基本理论

离子交换剂，一般是不溶于水的高分子化合物，通常被称为离子交换树脂，是离子交换技术的核心。它是一种固体颗粒状的高分子化合物，表面和内部含有大量可以和溶液中离子进行交换的固定离子和可动离子。

理论上，离子交换的过程可以被描述为两步：①目标离子从溶液中扩散到离子交换树脂的表面；②目标离子和树脂表面的固定离子进行交换，从而被吸附到树脂上，而树脂的可动离子则被释放到溶液中。这个过程是可逆的，让含有大量可动离子的溶液（通常称为再生液）通过树脂，可以将树脂上吸附的目标离子洗脱下来，恢复树脂的离子交换能力。

离子交换树脂可以根据固定离子的类型分为阳离子交换树脂和阴离子交换树脂两大类。阳离子交换树脂含有固定的阴离子，可以和溶液中的阳离子进行交换；阴离子交换树脂则含有固定的阳离子，可以和溶液中的阴离子进行交换。离子交换剂的选择和使用主要取决于待处理水样的特性以及处理目标。例如，如果目标是去除水中的钙离子和镁离子（降低硬度），那么就可以使用阳离子交换树脂，其固定的阴离子为硫酸根，可动离子为钠离子。当硬水通过这种树脂时，水中的钙离子和镁离子会被树脂上的钠离子替换，从而实现硬水软化。

离子交换剂的应用不仅限于水处理，还有许多其他领域，包括化学分析（如离子色谱）、食品和饮料制造、药物和生物技术等。然而，在使用这一方法的过程中也会遇到一些问题，如树脂的选择和再生问题，以及离子交换产生的废水处理问题等。此外，对于一些难以通过离子交换被移除的离子，如某些有机离子，这种方法可能效果不佳。因此，离子交换剂的研究和开发仍有很大的挑战和前景。

（二）离子交换剂的分类与常见种类

离子交换剂主要以离子交换树脂形式存在，可以根据其化学性质以及交换离子的类型进行分类。

1.分类

基于交换离子的类型，离子交换剂主要有以下两大类。

（1）阳离子交换剂。阳离子当中可以解离的基团是磺酸（—SO_3H）、磷酸（—PO_3H_2）、羧酸（—COOH）和酚羟基（—OH）等酸性基团。这类离子交换剂内含有固定的阴离子，能与溶液中的阳离子进行交换。根据固定离子的酸性强弱，又可细分为强酸性和弱酸性阳离子交换剂。强酸性阳离子交换剂（如硫酸型树脂），主要用于硬水软化、纯净水制备等；弱酸性阳离子交换剂（如羧酸型树脂），常用于除碱处理、有色金属离子的回收等。

（2）阴离子交换剂。阴离子交换剂中可以解离的基团是伯胺（—NH$_2$）、仲胺（—NHCH$_3$）、叔胺 [—N(CH$_3$)$_2$] 和季胺 [—N$^+$(CH$_3$)$_3$] 等碱性基团。这类离子交换剂内含有固定的阳离子，能与溶液中的阴离子进行交换。根据固定离子的碱性强弱，又可细分为强碱性阴离子交换剂和弱碱性阴离子交换剂。强碱性阴离子交换剂（如氢氧基型树脂），主要用于去除水中的硫酸根、氯化物等；弱碱性阴离子交换剂（如氨基树脂），常用于除磷处理、废水中有色金属离子的回收等。

2. 常见的种类

离子交换剂是一种可交换离子的不溶性固体，在离子交换中有广泛应用。它们主要分为两大类，即无机离子交换剂和有机离子交换剂。无机离子交换剂包括天然沸石和人工沸石，而有机离子交换剂则包括磺化煤和各种离子交换树脂。在工业废水处理领域，离子交换树脂是被广泛应用的一种离子交换剂。

离子交换树脂有多种类型，它们具有不同的吸附交换能力和亲和力，以及不同的再生难易程度，这种特性被称为树脂选择性。根据选择性能，离子交换树脂可分为阳离子交换树脂和阴离子交换树脂；根据结构，可分为微孔型和大孔型。除了受树脂选择性和结构影响，离子交换树脂的离子交换能力还会受废水水质（如悬浮物、油脂、高分子有机物、高价金属离子的含量）、pH、水温以及废水的氧化剂含量等因素的影响。

（1）纤维素离子交换剂。纤维素离子交换剂是以纤维素为基础的有机材料，用于废水处理和离子分离。通过化学修饰，纤维素具有吸附和释放特定离子的能力。这种离子交换剂具有可再生性、生物降解性和环境友好性。它可以高效去除废水中的重金属离子、有机物和无机盐等离子污染物。纤维素离子交换剂在水处理、环境保护和资源回收等领域有广泛应用，它的研发与应用还为可持续发展提供了一种可行的解决方案。阳离子交换剂有羟甲基纤维素（CM-纤维素），阴离子交换剂有氯代三乙胺纤维素（DESE-纤维素）。

（2）交联葡聚糖离子交换剂。交联葡聚糖离子交换剂是一种具有交联结构的有机离子交换剂。它是葡聚糖经过交联剂处理后形成的高分子化合物，具有网络结构。这种离子交换剂具有多孔性和表面积大的特点，这使其具有较高的吸附容量和离子交换能力。交联葡聚糖离子交换剂在水处理、废水处理和离子分离等领域有广泛应用。它们可以高效去除水中的离子污染物，如重金属离子、有机物和无机盐等。交联葡聚糖离子交换剂还具有良好的选择性，可以选择性地吸附特定类型的离子。由于其良好的再生性和可持续性，交联葡聚糖离子交换剂成为环境友好型离子交换剂的重要代表之一。它们在水资源回收、环境保护和可持续发展方面发挥着重要作用。常用的交联葡聚糖离子交换剂有阴离子和阳离子交换剂两类。阴离子交换剂有 DEAE SephadexA–25、A–50 和 QAE SephadexA–25、A50；阳离子交换剂有 CM Sephaetx C–25、C–50 和 Sephadex C–25、C–50。阴离子交换剂的英文首字母是 A，阳离子交换剂的英文首字母是 C，其基础材料研发出来后的数字表示 Sephadex 型号。

（3）琼脂糖离子交换剂。琼脂糖离子交换剂是以琼脂糖为基础材料而研发出来的离子交换材料。琼脂糖是一种天然多糖，常用于生物学和分子生物学实验中的凝胶电泳实验。通过化学修饰和交联，琼脂糖可以被转化为离子交换剂，这种离子交换剂具有吸附和释放离子的能力。琼脂糖离子交换剂被广泛应用于生物分离、蛋白质纯化和药物提取等领域。它们可以通过离子交换作用，选择性地吸附和分离目标离子或分子，如金属离子、蛋白质、核酸等。琼脂糖离子交换剂具有优良的生物相容性和低毒性，适用于生物样品的处理和纯化。它们也具有较高的吸附容量和稳定性，在离子交换过程中表现出良好的选择性和效率。琼脂糖离子交换剂是将 DESE– 或 CM– 基团附着在 SepharoseCL–6B 上形成的，产物为 DEAE-Sephades（阴离子）和 CM-Sepharose（阳离子），具有硬度大、性质稳定、凝胶后流速好、分离能力强等优点[1]。

---

① 张羽男，王存琴. 天然药物化学实验教程 [M]. 北京：中国医药科技出版社，2019：49.

第六节　污水的生态处理方法

一、人工湿地法

（一）湿地与人工湿地的概念

1.湿地

湿地是生态过渡地带，其土壤、沙砾等基质大部分时间被水淹没或处于水分饱和的状态，湿地中可以见到大量水生植物。根据《关于特别是作为水禽栖息地的国际重要湿地公约》的定义，湿地包括自然的和人造的、长期或短期存在的沼泽地、湿原、泥炭地，以及各类淡水或半咸水的水域地带，甚至包括潮退时的海域（深度不超过 6 m）。湿地是生物生产力极高的生态系统，为大量野生动植物提供生长和繁衍的环境，也是许多濒危生物的栖息地。人们将湿地比喻为"地球的肾脏""重要的物种基因库"和"巨大的天然蓄水库"。它具有保持水分、调节气候等功能的同时，还具有极强的污染物降解和吸收能力。湿地可以有效地降解和滞纳各种物质，特别是含氮、磷等营养元素的物质和大部分有机物，这有助于水质净化和生态环境的改善。湿地的主要特征如下：有植被覆盖，是典型的复合生态系统，包含土壤、水体和植物；有充足的阳光、水分和营养供应，因而生物生长旺盛；且较深的水下部分处于厌氧状态，有机物质分解速度相对较慢。

湿地系统一般由 5 个部分组成：①具有各种透水性的基质，如土壤、沙、砾石；②适于在饱和水和厌氧基质中生长的植物，如芦苇；③水体（在基质表面下或上流动的水）；④脊椎动物和无脊椎动物；⑤好氧生物或厌氧微生物群落。湿地在维持生态系统平衡方面具有十分强大的功能，其主要作用包括保护生物多样性，净化、保护与供给水源，进行气候调节等。人们对湿地资源的利用包括野生资源开发、沼泽渔业、农业灌溉、大众娱乐与旅游，以及生态环境科学研究等诸多方面。例如，在污水净化方面，湿地被认为是"天然的污水净化器"。与常规的污水处理方法相比，湿地处理技术更经济、更易操作并更能长久维持，而且几乎不需要消耗化石燃料和化学药品，这使污水的净化过程更环保。[①]

2.人工湿地

人工湿地（Constructed Wetland, CW）被美国著名的湿地研究、设计与管理专家哈默（Hammer）等定义为，一个为了人类的利用和利益，通过模拟自然湿地，人为设计与建造的，由饱和基质、挺水与沉水植物、动物和水体组成的复合体。有人认为，人工湿地是指通过模拟天然湿地的结构与功能，选择一定的地理位置与地形，根据人们的需要人为设计与建造的湿地。[②]

目前对人工湿地的定义，学界已经取得了基本一致的认识。人们认为，人工湿地是一种由人工建造和监督控制的，与沼泽地类似的地面，它充分利用了基质–微生物–植物这个复合生态系统的物理、化学和生物的三重协调作用来实现对污水的高度净化。自首届国际人工湿地处理污水大会于1988年在美国召开后，Constructed Wetland 逐渐取代其他术语而成为人工湿地的通用名词。

（二）人工湿地法分类

人工湿地法是一种常用的污水处理方法，它利用模拟自然湿地环境的方式进行污水处理。这种方法适合于处理含有机物，含氮、磷等元素的营养物等污染物的中小型污水。人工湿地通常有两种主要类型：水面流人工湿地和地下流人工湿地。这两种类型的人工湿地都能够利用植物和微生物的生物处理能力去除污水中的有害成分，但是它们在设计和操作上有一些不同。

---

① 黄维菊，魏星. 污水处理工程设计 [M]. 北京：国防工业出版社，2008：220.

② 吴军，魏俊，苏良湖. 村镇生活污水处理技术及管理维护 [M]. 北京：冶金工业出版社，2019：176.

1. 水面流人工湿地

在水面流人工湿地中，污水会在表面流过，直接接触到生长在湿地中的植物，如芦苇。这种类型的湿地模拟了自然湿地的环境，充分利用了自然的生态系统。污水中的养分，包括氮、磷等元素，被湿地植物通过其根系直接吸收，这个过程有助于去除污水中的营养物，防止这些物质通过污水流入其他水体，导致水体富营养化。同时，湿地植物的根茎部分为微生物提供了栖息地。这些微生物（包括细菌和原生动物等）对有机物质进行降解，将其转化为简单的无机物，如二氧化碳和水，这个过程又称为微生物分解或生物降解。

通过上述两个过程的综合作用，水面流人工湿地系统可以有效地去除污水中的有机物和营养物，达到净化污水的目的。因此通过模拟自然湿地环境，在植物和微生物的协同作用下，水面流人工湿地能够有效地处理和净化污水。

2. 地下流人工湿地

在这种类型的湿地中，污水流经一个充满砾石或沙砾的床体，而床体上则生长着吸收能力强的植物（如芦苇）。床体为微生物提供了良好的附着面，有助于微生物降解污水中的有机物。

人工湿地法具有一定的处理效率，并且对环境友好，运行成本较低。然而，该方法也有一些局限性，例如，需要较大的土地面积，对气候条件（如温度和降雨）变化的适应性较差，且处理效果可能会受进水质量的影响。同时，人工湿地系统的设计和建设也需要考虑本地的环境、气候和生态条件等因素。

二、生物塘法

（一）生物塘的工艺原理与分类

生物塘法是一种常见的污水处理方法，它通过自然生物过程来减少污水中的有害成分。这种方法在世界各地都被广泛应用，尤其是在农村和小城市中。它具有成本效益高、操作简便以及对环境造成的压力较小等特点，因而备受青睐。

生物塘法的原理是通过建立适宜生物生长的人工湿地，将污水引入其中，利用其中的微生物、植物和其他生物组成的生态系统来处理污水。在这个过程中，污水中的有机物会被微生物分解，其中的氮和磷等营养元素被植物吸收，并通过微生物的作用转化为无害物质。同时，湿地中的根系和土壤层也能起到过滤和吸附的作用，进一步净化水体。

生物塘法不仅有效地减少了有害物质的含量，还能产生保护生物多样性、美化景观等额外效益。它不需要复杂的设备和昂贵的维护成本，适用于小规模的污水处理，特别适合资源有限的地区。因此，生物塘法被认为是一种可持续、经济实惠且环保的污水处理解决方案。

一个基本的生物塘系统通常由 3 个主要部分组成：预处理区、主处理区和后处理区。

（1）预处理区：这个区域主要用于去除污水中的固体物质和其他较大的颗粒，可采用筛网过滤、沉淀等处理技术。

（2）主处理区：这是生物塘系统的核心部分，也是大部分生物降解过程发生的地方。主处理区通常是一个较大的开放水体，里面充满了各种微生物（如细菌、藻类和原生动物）。这些微生物会消耗污水中的有机物并将其转化为更简单、更安全的化合物，如二氧化碳、水和一些无害的固体物质。

（3）后处理区：这个阶段主要是为了去除主处理区生物降解过程中产生的固体残留物，可能涉及沉淀、过滤等环节。此外，一些更先进的生物塘系统可能还会在这个阶段使用化学或物理方法（如紫外线消毒）来进一步消除污水中的病原体。

生物塘法是一种非常环保的处理方法，因为它主要依赖自然生物过程来处理污水，而不是依赖化学或物理方法。然而，生物塘法也有一些局限性。例如，处理效率较低，需要较大的土地面积，对环境条件（如温度、日照、微生物种类等）变化的适应性较弱等。因此，它可能不适合所有类型的污水的处理。

（二）生物塘系统总体布置与工艺流程选择

1.总体布置

（1）塘址选择原则。生物塘，也被称作生态塘或湿地池，是用来处理城市污水或农田排水的生态工程设施。在选择生物塘的地址时，需要考虑以下几个方面的原则。

水源供应：生物塘需要源源不断的污水供应，因此应选择靠近污水源或者易于进行污水输送的地方。

地形和地质条件：生物塘应选择在地形较平坦，易于施工和维护，且地质条件能够支持塘体结构的地方。同时，如果地下水水位过高，可能会影响污水处理效果和塘体结构的稳定性。

环境因素：考虑到生态塘的工作原理，理想的环境条件应包括充足的日照和适宜的温度，以支持微生物的生长和活动。同时，应避免在易受洪水、风暴等自然灾害影响的地方设立生物塘。

人口和设施：理想的生物塘的位置应尽量远离密集的居民区和重要的公共设施，以降低噪声和异味对周边环境的影响。

未来发展规划：在选址时，还需要考虑该区域的未来发展规划。如果未来要在附近建设新的建筑或者设施，可能会影响生物塘的运行和维护。

法规要求：在选址过程中，还需要遵循相关的环保和建设法规，确保选址符合法律规定。

在选址过程中，还可能需要进行专业的地质勘察和环境评估，以确保选址的合理性和可行性。

（2）工艺流程设计原则。生物塘要能独立运行，也可以与其他水处理设施联合使用。选择工艺流程时，应根据实际情况来制订。在设计过程中，应全面考虑对污染源的控制、污水的预处理和处理，以及污水资源化利用等环节，并通过技术经济比较，确定最适合的方案。

污水预处理。在本章中，笔者已介绍过污水的预处理过程，包括筛选、沉淀、油水分离等，生物塘的预处理系统的设计应当符合现行的国家标准《室外排水设计规范》（GB 50014—2021）的规定。生物塘系统预处理需要采用排泥周期较长、投资和运行费用比较低的构筑物。

生物塘系统。生物塘系统可由多塘组成，塘与塘或分级串联或同级并联。多级塘系统中单塘面积不宜大于 $4.0 \times 10^4 \, m^2$，当单塘面积大于 $0.8 \times 10^4 \, m^2$ 时应设置导流墙。

污泥处理与处置。沉砂池内，应采取机械或重力方法进行排砂，并设立储砂池或晒砂场。污泥的脱水可通过污泥干化床的自然风干，或机械脱水的方式实现。若污泥用作农田肥料，必须遵守现行的《农用污泥中污染物控制标准》（GB 4284—2018）的规定。而被填埋处置的污泥，其含水率应不超过 85%。

（三）污水稳定塘设计

1. 设计参数

按标准，设计厌氧塘、兼性塘、好氧塘、曝气塘、水生植物塘、养鱼塘、生态塘时，应按 BOD 表面负荷法确定水面面积。厌氧塘亦可按 BOD 容积负荷法设计，完全曝气塘亦可按 BOD 污泥负荷原理进行设计。各种污水稳定塘设计参数如表 4-1 所示，用于专门处理工业废水的污水稳定塘的设计参数应参考实验数据。塘的总深度应包括污泥层深、有效水深、风浪爬高及安全超高。

表 4-1 各种污水生物塘工艺设计参数

常规塘型	BOD_5 表面负荷 ($kgBOD_3/10*m^2 \cdot d$)			有效水深 （m）	处理效率 (%)	进塘 BOD_5 浓度 (mg/L)
	Ⅰ区	Ⅱ区	Ⅲ区			
厌氧塘	200	300	400	3 ~ 5	30 ~ 70	≤ 800
兼性塘	30 ~ 50	50 ~ 70	70 ~ 100	1.2 ~ 1.5	60 ~ 80	<300

水资源管理与污水处理：环境工程新方法与实践

续 表

常规塘型		BOD₅ 表面负荷 (kgBOD₃/10*m²·d)			有效水深 (m)	处理效率 (%)	进塘 BOD₅ 浓度(mg/L)
		Ⅰ区	Ⅱ区	Ⅲ区			
好氧塘	常规处理塘	10～20	15～25	20～30	0.5～1.2	60～80	<300
	深度处理塘	<10	<10	<10	0.5～0.6	40～60	
曝气塘	部分曝气塘	50～100	100～200	200～300	3～5	60～80	300～500
	完全曝气塘	100～200	200～300	200～400	3～5	70～90	

注：Ⅰ区系指年平均气温在 8 ℃以下的地区。

Ⅱ区系指年平均气温在 8～16 ℃的地区。

Ⅲ区系指年平均气温在 16 ℃以上的地区。

2. 厌氧塘

当污水的 BOD₅>300 mg/L 时，人们通常会设立厌氧塘，这种塘通常位于塘系统的最前端。设计厌氧塘的目的是充分利用厌氧反应的高效性和低能耗性质，以去除有机物负荷，改善原始污水的生化性质，确保后续塘的有效运行。因此，设计厌氧塘的目标并不是让出水达到常规的二级处理水平，而是以尽可能小的占地面积，达到尽可能高的有机物去除效果。

厌氧塘一般使用单级设计方式，为了方便清淤且不影响运行，通常采取至少两个塘并联的形式。在处理高浓度有机废水时，应使用两级串联的厌氧塘。然而，人口密集的地区是不适合使用厌氧塘的。

厌氧塘的处理能力可以通过加入生物膜载体填料、覆盖塘面或在塘底设立污泥消化坑等方法进行强化。由于厌氧塘较深，因此通常需要人们设计防渗装置，以防污水渗透到地下，导致地下水污染。

厌氧塘的设计应使水从底部进入并从顶部淹没式出水。如果使用溢流式出水，应在堰和孔口之间设置挡板。为了提高厌氧处理效率，其结构应有利于形成向上流动的力。因此，进水口应设置在距塘底 $0.6 \sim 1.0$ m 的位置，而出水口则应设置在接近水面的位置，淹没深度应大于 0.6 m 且不小于冰冻层或浮渣层的厚度。

3. 兼性塘

兼性塘是目前广泛使用的污水处理塘，适用于处理 BOD_5 浓度为 $100 \sim 300$ mg/L 的污水。因为它同时具备厌氧、兼性和好氧反应功能，所以兼性塘既可以与其他类型的塘串联成组合塘系统，也可以独立运行以满足出水排放标准。

兼性塘可以与厌氧塘、曝气塘、好氧塘以及水生植物塘组合形成多级系统，也可以由几个兼性塘串联形成一个塘系统。

兼性塘系统可以由单个塘构成，并且在塘内设立导流墙。

在兼性塘中，可以添加生物膜载体填料、种植水生植物等来对设施进行强化。

4. 好氧塘

好氧塘适合处理 BOD_8<100 mg/L 的污水。一般情况下，好氧塘会与其他塘串联从而组成塘系统，在很多气温合适的地方好氧塘也可以自己组成系统。它的功能和设计目标是使塘的出水水质至少达到常规二级处理水平。

好氧塘系统可以由多个塘串联组成，也可以由单一塘构成。

作为深度处理塘的好氧塘，其总水力停留时间应当大于 15 天。

好氧塘可以采用安装充氧机械设备、种植水生植物和养育水生物等方法进行增效处理。

5. 曝气塘

曝气塘是设有曝气充氧设备的好氧塘或兼性塘，适用于土地面积有限、不足以建成完全以自然净化为特征的塘系统的地方。其设计目标是使塘出水水质至少达到常规二级处理水平。

曝气塘系统宜采用一个完全曝气塘和 2 ～ 3 个部分曝气塘的组合。

完全曝气塘的比曝气功率应为 5 ～ 6 W/m³（塘容积）。

部分曝气塘的曝气供氧量应按生物氧化降解有机负荷计算，其比曝气功率应为 1 ～ 2 W/m³（塘容积）。

（四）塘体设计

1.塘体设计的一般规定

（1）稳定塘的塘体应在建设地及其附近取材用料，形状一般为矩形，也可以采用圆形或方形。当采用矩形时，工程师应根据水力特性和内衬表面积等因素进行综合技术经济分析以确定长宽比。一般长宽比范围为 3 : 1 ～ 4 : 1。若过于狭长，水流与塘的接触面积就会增大使塘内死区体积增加，且易形成股流，从而造成平均停留时间下降和处理效率降低。

（2）在使用旧河道或坑洼地形建设稳定塘时，应最大程度地利用现有地形，并适当调整长度宽度比。同时，应尽可能减小内壁面积，以减少衬砌工作并降低建设成本。如果水力条件不利，可以考虑设置导流墙。

（3）需要在塘体的堤岸处布置防护设施。

（4）塘底应该保持平坦并轻微倾斜，以便水流向出口。当原土的渗透系数 K 值超过 0.2 m/d 时，需要进行防渗处理。

2.堤坝设计

（1）堤坝应当采用不容易透水的材料建设，土坝应当使用不容易透水的材料作为心墙或者斜墙。

（2）土坝的顶宽不应该小于 2 m，石堤和混凝土的顶宽不应该小于 0.8 m。

（3）土堤迎水坡应铺砌防浪材料，宜采用石料或混凝土。水位变动范围内的最小铺砌高度不应小于 1.0 m。

（4）土坝、堆石坝、干砌石坝的安全超高应根据浪高计算确定，不宜小于 0.5 m。

（5）坝体结构应按相应的永久性水工构筑物标准进行设计；坝的外坡设计应按土质及工程规模确定，土坝外坡坡度宜为 4∶1～5∶1，内坡坡度宜为 2∶1～3∶1（横∶竖）；塘堤的内侧应在适当位置（如进、出水口处）设置阶梯、平台。

3. 进出水口设计

稳定塘的设计应优化进出水口的直线距离，使其最大化。为避免出现短流，进出水口的布置需要规避当地常年主导风向，最理想的状态是与主导风向形成垂直关系。无论是进水口还是出水口，都需要保证塘体横断面上的水流分布或汇集均匀。因此，通常选择扩散式或多点进水的方式。

为防止底泥被冲起或带出，稳定塘的进水口应设计在水面之下且离塘底有一定的距离。进水管的末端需安置在适当的混凝土防冲坦上，其最小规模应为 0.6 m×0.6 m。

稳定塘出水口的布置应适应塘内水深的变化，宜在不同高度断面上设置可调节出流孔口或堰板。出口前应设置浮渣挡板，潜孔出流。

4. 防渗设计

为了预防污染，保护地下水，减少水资源损失，以及防止水深变化影响处理能力，稳定塘需要有防渗设计。这包括在堤坝、塘底、穿堤管和涵闸等关键部位布置防渗装置。同时，由于渗透导致的水位下降不应超过 2.5 mm/d，因此在增加任何防护或防渗设施前，应先确保土方工程的质量。

三、生态沟法

生态沟法也是一种利用自然过程进行污水处理的技术，主要依赖生态沟中的植物、微生物和沉积物来处理和净化污水。

生态沟通常是一个长条形、斜坡坡度较缓的沟渠，其宽度和深度可以根据需要进行调整。生态沟内通常会种植一些吸水能力强、根系发达的水生植物（如芦苇、藤蔓类植物等），同时还会有大量的微生物存在。

生态沟的工作原理包括以下几个主要过程。

（1）物理过滤。当污水流入生态沟时，这个特别设计的环境就开始发挥其独特的净化功能了。生态沟内部种植了各种植物，如芦苇、蒲草等，这些植物的根茎部分延伸到水中，像一个自然的过滤网一样，拦截和截留流过的水中的悬浮物和固体颗粒。同时，沟底的沉积物也能起到过滤作用，吸附一些微小的悬浮颗粒和有害物质。这样，经过生态沟的物理过滤作用，污水中的大部分悬浮物、沉积物和其他有害物质都能被有效地去除，污水的浑浊度明显下降，颜色也变得更为清澈。这就实现了污水的初步净化。

（2）生物降解。生态沟中的微生物群落，包含细菌、藻类等微生物，可以将污水中的有机物用作生存和生长的食物来源。这些微生物在吸收并分解这些有机物的过程中，会将之转化成二氧化碳和水，同时会生成一些无害的固体物质。这个过程帮助降低了污水中有机污染物的浓度，进一步净化了水质。

（3）吸附和吸收。生态沟中种植的植物，如芦苇、水藻等，拥有复杂且发达的根系，能够有效地吸收流经其中的污水中的营养物质。这些营养物质包括但不限于氮、磷等元素，它们达到一定浓度后会对水体的生态环境产生破坏性影响，如引发水体富营养化现象。然而，在生态沟中，植物通过自身的生理活动，将这些元素转化为自身的组成部分，这样一来，水中这些元素的浓度就得到了有效的降低。与此同时，生态沟的底部通常会有一层沉积物。这些沉积物来自流入生态沟的污水的是其中的颗粒物以及环境中植物和微生物的新陈代谢产物。这些沉积物表面积大，吸附性强，能够吸附污水中的一些重金属离子和有害物质，防止其进一步流入其他水体，从而避免造成更多污染。生态沟的设计和运用，使污水中的营养元素和有害物质都能够得到有效的处理和净化，保护了水资源和环境的健康。

生态沟法是一种经济、环保且易于操作的污水处理技术，尤其适于处理农村地区和小型社区的污水。然而，它也有一些局限性，如需要较大的土地面积，对气候和环境条件有一定的适应性要求，且处理效率可能会受到进水质量和温度的影响等。

四、藻类处理法

藻类处理法是一种高效的污水处理方法，主要依赖于藻类的光合作用及其吸收污水中特定物质的能力。充足的阳光为藻类提供了能量，促进光合作用，从而使藻类吸收污水中的二氧化碳并释放氧气。同时，藻类还能吸收污水中的营养物，如含氮、磷等元素的化合物，使其得到有效去除。这种方法不仅有效地净化了污水，还能够利用藻类的生物特性进行能源生产和资源回收，具有环境友好和可持续的特点。藻类处理法主要包括以下几个步骤。

（1）藻类培养。为了在适合的环境中培养大量的藻类，人们通常会选择在露天的藻类培养池中进行藻类培养。这些培养池可以根据需求被设计成各种形状和大小，以提供最佳的生长条件。露天培养池能够有效利用自然光和自然气候条件，为藻类提供适当的光照和温度。池塘的形状和大小也可以根据实际需求进行调整，以便更好地管理水质、提高产量，并方便后续的采收和处理工作。

（2）污水处理。将待处理的污水引入藻类培养池有助于实现生态环境的净化和可持续发展。在充足的阳光照射下，藻类通过光合作用吸收二氧化碳，释放氧气。藻类还能吸收水中的氮、磷等营养元素，促进自身生长和繁殖。这一过程中，藻类可以有效地将污水中的有机物和营养元素转化为生物能源，同时降低水中的营养盐含量。因此，将污水引入藻类培养池不仅有助于减少污染，还能获得可再生能源和有机肥料，实现资源的循环利用。

（3）固液分离。经过一段时间的培养，藻类会迅速繁殖并吸收污水中的营养物质。当藻类达到一定密度时，可以采取沉降、离心等方式将其从水中分离出来。这样能够有效去除水中的藻类，并且分离后的藻类可以进一步利用。例如，分离后的藻类可以作为饲料用于养殖业，或用作生产生物肥料和生物能源。通过藻类的分离，处理后的水质也能得到明显改善，符合环境排放标准。这也就实现了污水处理和资源回收的双重目标。

（4）藻类再利用。分离出的藻类可进行深度处理，以回收其中的宝贵资源。通过适当的处理方法，藻类可以转化为有机肥料，为农业提供营养丰富的肥料，促进植物生长。藻类也可以在经过处理后，被制成高蛋白的动物饲料，为畜牧业提供饲料替代品。藻类还可以进行发酵，产生生物燃料，如生物乙醇或生物气体，用于能源生产或替代化石燃料。深度处理藻类可以实现资源的最大化利用，同时达到可持续发展和保护环境的目标。

藻类处理法具有设备简单、运行成本低、无须添加化学药剂等优点，且能有效去除污水中的氮、磷等营养元素，防止水体富营养化。同时，藻类处理法还可以实现资源的循环利用。但是，这种方法也存在一些问题，如处理效果受环境因素（如温度、光照等）影响较大，以及产生处理后藻类的处理和处置问题等。

第五章　水资源管理与污水处理的未来发展

第一节　水资源管理与污水处理的发展新趋势

一、污水处理智能化

智能水系统，也称为智能水网。智慧水利技术是当今水资源管理领域的一个重要发展方向。智能水系统借助物联网和大数据分析技术，能更有效地追踪和管理水资源，能追踪水流、优化配送、预测需求、及时发现漏水等问题并进行定位等。

物联网技术使人们能够将传感器部署在整个水系统中，包括水源、输水管道、水处理设施和最终用户等部分。传感器可以收集实时的数据，如流速、流量、水质、水温等，并将数据传输到中央控制系统。这些信息可以为工作人员对整个系统的即时洞察提供数据基础，使运营商能够在需要时迅速调整水流或进行维护。

智能水系统的一个重要功能是预测和应对需求变化。通过收集和分析历史数据，算法可以预测在不同时间、不同地点各最终用户的水需求。例如，它可以预测在热天或干旱期间需求会增加，在雨季或夜间需求会减少。这可以帮助水资源管理者在应对突发事件或季节性变化时做出更明智的决策，如分配更多的水资源到需求更高的地方。它还能帮助人们及时发现漏水等问题并进行定位。水管道漏水是一个普遍问题，据统计，一些城市的漏水率高达 20% ～ 30%。这不仅浪费了宝贵的水资源，而且增加了维持水压和确保水质安全等工作的难度。通过使用物联网设备，我们可以实时监控水压和流量，一旦发现异常，就能立即定位漏水点并及时修复管道，从而减少水的浪费。

大数据分析也在智能水系统中发挥着关键作用。它可以处理和分析大量的数据，找出隐藏在数据中的模式和趋势。例如，通过分析水质数据，人们可以预测污染源的位置和种类，从而更有效地保护水资源。此外，大数据分析还可以帮助人们评估水资源的使用效率，找出可以改进的地方，从而帮助人们持续优化水资源管理策略。然而，要应用智能水系统，人们也面临着一些挑战。构建和维护这样的系统需要大量的投资，这对于许多发展中国家和发展中城市来说是一个巨大的挑战；收集和处理大量数据需要人才具有较高的技术和丰富的专业知识，而这些都需要进行相应的人才培养；随着数据量的增加，数据安全和隐私问题也日益突出，需要人们给予足够的关注。

智能水系统通过物联网和大数据技术，为人们提供了更有效的水资源管理方法。随着技术的发展和应用的普及，人们有望实现更高效、更环保、更公平的水资源管理。

二、再生水的使用

随着科技的进步，人们对污水处理和再利用的理解与污水处理能力都有了巨大的提高。经过适当的处理，原本被看作废弃物的污水可以被转化为宝贵的资源，用于农业灌溉、城市绿化、工业生产等领域，从而减少人们对淡水资源的依赖。

在农业中，再生水可以用作灌溉水源。由于农业是消耗水的主要领域，因此这种应用具有重大的环境和经济价值。再生水含有的营养元素如氮和磷，可以供作物吸收利用，降低化肥的使用量。当然，使用再生水灌溉必须确保水质达到适当的标准，以防植物和土壤受到污染。

在城市中，再生水可以用于城市绿化和美化环境。尤其是在水资源稀缺的城市，使用再生水进行城市绿化可以显著减少人们对淡水的需求，还可以保持城市公园和绿地的湿润和繁荣，从而提高城市居民的生活质量。一些发达城市已经建立了使用再生水灌溉公园和街道的专门系统。

在工业领域，再生水可用作冷却水。例如，发电厂和钢铁厂需要大量的冷却水，而使用再生水可以大幅度减少它们对淡水的需求。此外，再生水的温度通常高于环境温度，这在某些冷却环节中是一个优势。

提高污水再利用率的关键是提高污水处理技术水平。目前研究者已经开发出许多高效的污水处理技术，如反渗透、纳米过滤和膜生物反应器等。这些技术可以有效地去除污水中的污染物，使其达到再利用的标准。然而，某些特殊污染物，如重金属和药品残留物，可能需要更复杂的处理步骤。尽管污水再利用有诸多优点，但仍然存在一些挑战和问题。建立和运行污水再利用系统需要资金和技术支持，这对于一些发展中的城市和国家可能是个挑战；公众对于使用再生水可能存在心理阻力，需要通过教育和宣传来改变这种观念；污水再利用的实施也需要配套严格的监管和水质检测制度，以保证其安全性。

随着科技的发展，污水的再利用已经成为一种重要的水资源管理策略。未来，期待这种策略能在全球范围内得到更广泛的应用，从而帮助人们更好地保护和管理水资源。

三、高效污水处理

污水处理的新技术正在不断改变人们对水资源管理的理解和实践。其中，纳米过滤、膜生物反应器（Membrane Bio-Reactor, MBR）、前向反渗透等技术在去除污水中的有害物质和病原体等方面表现出了更为高效和可行的优点。

纳米过滤是一种采用纳米膜来过滤和净化水的方法，纳米级的膜孔可以精确地过滤掉大部分有害物质，包括大部分有机物、病原体和重金属等。此外，这种技术的效率相当高，因为纳米级的膜孔可以增加过滤的表面积，使水分子快速通过，而有害物质则被阻挡。然而，由于纳米过滤膜的制备和维护成本较高，因此其应用还有一些局限性。

　　膜生物反应器是一种集生物处理和膜分离技术为一体的污水处理技术。它的工作原理是使用微生物来分解污水中的有机物，然后使用膜过滤技术来去除微生物和其他悬浮物。由于它可以连续运行，处理效果稳定，出水水质好，因此已经被广泛应用于处理城市污水、工业废水和医疗废水等方面。但其运行成本和能耗较高，是研究人员需要进一步研究和改进的问题。

　　前向反渗透是一种新型的膜分离技术，它可以在较低的压力下去除污水中的无机盐和其他溶解物。这种技术的主要优点是能耗低、运行稳定、设备简单，特别适合处理高盐度的工业废水。然而，前向反渗透在膜材料和模块设计方面还存在一些缺点，需要研究人员进一步研究和优化。

　　这些技术在去除污水中的有害物质和病原体方面都显示出了高效性和可行性，对于污水处理和再利用有着重要的应用价值。然而，人们也要看到，要想实现对这些技术的推广和应用，还需要克服一些技术和经济上的难题。例如，膜的成本和寿命是影响技术经济效益的重要因素，需要人们进一步提高膜的性能并降低制造成本。此外，操作和维护的复杂性也是一项挑战，需要人们提高污水处理的自动化和智能化水平，降低人力成本。

　　除了技术之外，人们还需要关注政策和社会接受度等因素。一个好的政策环境可以推动污水处理技术的研发和应用。例如，政府可以通过补贴和优惠政策来鼓励企业和个人使用再生水。而社会接受度则直接决定了污水再利用的可能性，需要有关部门通过教育和宣传来提高公众对于污水再利用的认识和接受度。

　　纳米过滤、膜生物反应器、前向反渗透等技术为人们打开了一个全新的视角，使人们看到了污水处理和再利用的巨大潜力。随着科技的不断进步，期待更多的创新技术能够被应用到实际中，为水资源管理提供更多的可能性。

四、能源正向污水处理

如今，污水不再被视为一种需要处理和处置的废弃物，而是被视为一种能源和资源。其中最引人注目的就是利用污水产生能源的技术，如厌氧消化技术可以利用污泥产生沼气，沼气可以用作能源。

厌氧消化技术的原理是在无氧环境下，微生物可以将有机物转化为沼气。转变过程发生在一个封闭的厌氧反应器中，其中的微生物可以将污水处理厂中产生的污泥转化为沼气和稳定的残渣。沼气主要由甲烷和二氧化碳组成，可以作为能源使用，而残渣则可以作为肥料或土壤改良剂。

这种技术的优点有很多。它是一种高效的能源回收方法，例如，一个中等规模的污水处理厂每天可以产生足量的沼气来供应数百户家庭使用。如果污水处理厂有用电需求，沼气还可以被转化为电力。厌氧消化技术还有助于降低温室气体排放，因为未经处理的污水会产生大量的温室气体，如甲烷和二氧化碳。通过厌氧消化，这些温室气体被收集起来并转化为能源，不再排放到大气之中。厌氧消化技术的运行需要一定的技术和设备支持，需要精确控制反应条件，如温度、pH 和营养物质的含量，以保证微生物的生长和活性。此外，污泥的预处理和后处理也对设备和技术有一定要求。

使用厌氧消化技术还需要考虑经济性和社会接受度，尽管沼气可以带来能源收益，但厌氧消化设备的建设和运行成本也不低。因此，需要设计一个合理的经济模型，以确保设备的可持续运行，虽然厌氧消化技术很环保，但公众对其可能产生的臭味和噪音仍存在一些担忧，需要通过沟通和宣传来提高公众的接受度。随着科技的发展，更多的创新技术正在被应用到污水处理中，如微藻生物反应器、电化学技术等。这些技术不仅可以从污水中回收能源，还可以提高污水的处理效率，帮助人们从污水中提取有价值的化合物，甚至可以将污水转化为高质量的水资源。

从污水中收集和回收能源已经成为污水处理的重要趋势，厌氧消化技术的发展和应用是这个趋势的一个重要组成部分。它不仅带来了能源收益，还有助于环境保护和资源循环利用。未来，期待这些技术能在更广泛的领域得到应用，为人们的生活带来更多的可能性和便利性。

五、应用自然基础设施处理污水

第四章提到过污水的生态处理方法，在未来，这种方法依然是一种发展趋势。在应对全球水资源短缺的问题时，人们越来越意识到自然系统在管理和保存水资源中的重要作用。湿地、绿色屋顶和雨水花园等自然或半自然的系统，已被证实可以有效地增加城市的雨水存储量、滤除城市径流中的污染物，并在改善城市环境、提升城市生态价值、改善城市微气候等方面有重要作用。

湿地是一种独特的生态系统，拥有丰富的生物资源。湿地中的土壤和植被可以吸收和存储大量的雨水，从而减少洪水发生的可能性。同时，湿地可以作为自然的滤器，过滤掉径流中的有害物质，如重金属和有机污染物，保护下游水体的水质。此外，湿地还可以为生物提供重要的栖息地，有利于保护和提升生物多样性。绿色屋顶则是一种利用建筑物屋顶的空间进行绿化的技术。通过在屋顶种植植物，人们可以收集和存储雨水，减少径流量，同时通过植物的蒸腾作用降低建筑物的温度，节约能源，绿色屋顶还可以减弱城市"热岛效应"，提高城市环境质量。此外，绿色屋顶还可以提供休闲和观赏空间，提升城市居民的生活质量。雨水花园专门设计出收集、存储和过滤雨水的低洼地区，用自然系统管理雨水的方式，让雨水花园中的植被和土壤吸收雨水，过滤径流中的污染物，从而减少雨水径流并防止城市洪水的发生。雨水花园不仅可以美化城市环境，提供自然空间，还有助于提升公众对水资源保护和生态环境的认识。

这些利用自然系统管理水资源的方法在许多城市中得到了成功的应用，在提高城市的雨水管理能力、改善城市环境、增加城市的绿色空间等方面起到了积极的作用。然而，这些方法的推广和实施还面临一些挑战，如技术要求、成本问题、土地使用问题等。因此，需要人们进一步研究和实践，找出更适合各种环境和条件的解决方案。

对湿地、绿色屋顶和雨水花园等自然系统的利用，为城市水资源管理提供了一种新的视角和方法。通过模仿和利用自然的功能和机制，人们可以更有效地管理和保存水资源，这同时为提升城市环境质量、保护生物多样性、提升城市生活质量等提供了新的可能。未来，期待更多的创新方法和技术能够被应用到实际中，使城市水资源管理和城市发展更加和谐。

六、污水处理过程中的资源回收

污水处理不再仅仅是为了解决环境污染问题，越来越多的研究和应用已经证明，污水实际上是一种潜在的资源库。污水处理过程中对有价值资源（如营养物、重金属等）的回收，不仅可以降低污染，还可以为社会带来显著的经济效益。

污水中含有大量的营养元素，如氮和磷。这些营养元素对环境可能会产生负面影响，如引发水体富营养化，但在农业生产中，它们是极其重要的肥料。通过使用先进的污水处理技术，如生物营养物质回收技术，人们可以有效地从污水中回收这些有价值的营养物质，并将其用于生产有机肥料或者直接用于农田的灌溉。这样既减少了农业对化肥的依赖，也解决了污水处理中营养物质的排放问题。

另外，污水中的重金属也可以被有效回收。虽然这些重金属在环境中会产生严重的污染，但许多重金属，如铜、镍、锌等，在许多工业生产中都有重要的价值。通过使用化学沉淀、吸附、电化学和生物技术等方法，人们可以从污水中回收这些重金属，并对其进一步提炼和利用。这既降低了人们对矿物资源的开采需求，也为污水处理带来了新的经济效益。污水中资源回收的过程并不简单，需要考虑许多问题，例如，如何减少回收过程中可能产生的二次污染，如何提高回收效率，以及如何降低处理成本等。因此，对于不同类型的污水，如工业污水、城市污水和农业污水，人们需要找到最合适的处理和资源回收方案。

同时，污水中的资源回收也面临着一些政策和社会的挑战。例如，如何制定有效的政策，鼓励污水处理厂进行资源回收；如何让公众接受并使用利用污水回收的资源而做成的产品。这些问题都需要人们进一步研究和探讨。

通过污水处理过程回收有价值的资源，是污水处理的重要趋势。这种趋势不仅能够解决污水的环境问题，还可以将之转化为经济效益，从而获得环境和经济的双重效益。随着技术的进步，期待能够从污水中回收更多的有价值的资源，将污水处理转化为一个高效的资源回收和循环利用的过程。

七、集成水资源管理

实施集成水资源管理正在成为人们解决水资源问题的新策略。这种管理模式将水资源管理、污水处理和垃圾处理等各个环节整合在一起，形成一个完整的系统，提高整体效率。这样系统化的综合处理方法有望在提升资源利用效率、减少环境污染、促进可持续发展等方面发挥重要作用。

水资源管理的任务不仅是保证供水安全，还包括合理分配水资源，防止过度开发，保护水资源的可持续利用等方面。对此，集成水资源管理系统可以通过科学的计划和调度，使得水资源的分配更加公平和合理，避免水资源的不合理使用导致一系列环境问题。

在污水处理方面，集成管理模式倾向于采用更环保、高效的处理技术。从原来的简单处理污水，到现在的深度净化和资源回收，污水处理的目标已经从解决环境问题转变为资源再利用。处理后的污水在水资源管理系统的调度下，可以用于农业、工业等各个领域，极大地节约了水资源。

垃圾处理与水资源管理和污水处理也有着紧密的联系。例如，垃圾填埋产生的渗滤液需要经过专门的处理才能排放，而有机垃圾的分解则可能产生大量的污水。将垃圾处理纳入集成水资源管理系统中，可以有效地解决这些问题，并且在垃圾的分类和回收过程中，合理管理水资源有可能帮助人们回收更多的资源。

实施集成水资源管理并不容易，需要跨越各种行政和技术障碍。例如，各种资源的管理通常由不同的部门负责，而这些部门可能由于法规、政策、利益等原因而难以协调工作。同时，各种处理技术也需要进一步的研发和优化，以适应集成管理系统的需求。

实施集成水资源管理是未来解决水资源问题的一种重要方式，它通过系统化、综合性的管理，实现了对水资源的有效利用，同时为保护环境、促进可持续发展做出了贡献。期待集成水资源管理系统能够进一步地完善和发展，更好地服务于社会和环境保护。第三节将着重介绍集成水资源管理。

第二节　智能化的水资源管理与污水处理

一、水资源智能化管理的必要性

随着信息技术的迅猛发展，智能化已经成为各个领域发展的主流趋势，水资源管理也不例外。通过引入物联网、人工智能、大数据等先进技术，人们可以建立智能水资源管理系统，从而提高水资源管理的效率。

智能化可以实现水资源管理的实时、精细化监控。通过物联网技术，人们可以实时收集各个地区的水质、水量等关键信息，以便及时发现和解决问题。传感器和监测设备的广泛应用，使水资源的监控和管理变得更加精确和及时。通过大数据和人工智能分析，人们可以利用历史数据建立预测模型，预测未来的水需求和水资源状况，为决策提供科学依据。这种实时、精细化的管理可以帮助人们更好地了解和应对水资源方面的变化和挑战；智能化还可以实现水资源管理的远程化和自动化。云计算和移动互联网的应用使水资源管理可以实现远程监控和管理。通过远程传输和共享数据，水资源管理者可以随时了解不同地区的水资源情况，迅速做出决策和调整。同时，人工智能和机器学习的发展使系统可以自动地完成一些决策和操作，减少人工干预，提高工作效率。例如，智能水泵可以根据需求自动调节供水量，智能灌溉系统可以根据土壤湿度和气象条件自动控制灌溉时间和水量。这种远程化和自动化的管理可以大大减轻管理者的工作负担，提高管理效率和响应速度。另外，智能化的水资源管理可以帮助人们更好地应对水资源方面的挑战，实现水资源的可持续利用。通过精确的监控和预测，人们可以更好地调节和优化水资源的分配和利用，减少对水资源的浪费和过度开采，这一举措还可以帮助人们保护水生态环境，及时发现和解决水体污染、生态破坏等问题，促进水生态的健康和可持续发展。智能化的水资源管理还可以与其他资源管理系统相结合，实现资源的协同管理和优化配置，提高整体资源利用效率。

智能化的水资源管理具有巨大的潜力。通过实现实时、精细化的监控和管理，远程化和自动化的操作，人们可以更好地应对水资源管理方面的挑战，实现水资源的可持续利用和保护，这是未来发展的必然趋势，将为人类的生存和发展提供坚实的基础。

二、物联网在水资源管理中的应用

（一）物联网技术在水资源监测中的应用

物联网技术在水资源监测中的应用对于实现智能化、精细化的水资源管理起了至关重要的作用。通过物联网技术，水资源管理者可以实时、准确地获取关键的水质、水量和环境信息，从而有效地监测、评估和应对水资源的状况和变化。以下是物联网技术在水资源监测中的主要应用方面。

1.传感器网络

物联网技术通过布置在水源、水库、水管网等关键位置的传感器，实现对水质、水位、水压、水温等水体情况的实时监测。传感器网络可以覆盖很大的区域，并能将采集的数据通过互联网传输到中心数据库，为决策者提供及时的数据支持。例如，通过水质传感器监测水中的污染物浓度，人们可以及时发现水质的异常变化，采取相应的治理措施。

2. 远程监控与控制

物联网技术实现了水资源监测的远程化。通过远程监控系统，管理者可以随时随地通过互联网获得传感器和监测设备端的数据，并进行实时的监测和分析。同时，远程控制系统使管理者可以通过远程指令对水泵、阀门等设备进行控制，实现远程调节和管理水资源。例如，通过远程控制系统，人们可以根据实时需求情况调整供水量，达到节约和优化水资源的目标。

3. 数据分析与预测

物联网技术可以收集大量的水资源监测数据，并通过数据分析和建模，从中提取有用的信息和模式，进行水资源状况的分析和预测。通过大数据分析，人们可以深入了解水资源的使用情况、需求变化和供需矛盾，进而进行科学决策。预测模型的建立可以为管理者提前预警水资源短缺、水灾风险等问题，使其及时制定相应的应对策略。

4. 故障监测与维护

物联网技术可以实现对水利设施和水资源设备的故障监测和维护。通过传感器和设备的状态监测，人们可以实时检测设备的运行情况，及时发现故障和异常。管理者可以通过远程监控系统获得这些信息，并进行维护和修复工作。这有助于提高设备的可靠性和使用寿命，减少维修时间和成本。

5. 决策支持与应急响应

物联网技术的应用可以为水资源管理者提供决策支持和应急响应。通过实时的监测数据和分析结果，管理者可以了解水资源的状态和趋势，并基于这些信息做出科学的决策。在紧急情况下，如发生水灾、水污染等，物联网技术可以提供快速响应，帮助管理者采取紧急措施、调度资源、减少损失。

（二）物联网技术在水资源配送和需求预测中的应用

物联网技术在水资源配送和需求预测方面的应用，为水资源管理和供应链管理带来了革命性的变革。通过物联网技术的应用，人们可以实现对水资源的实时监测、智能配送和对未来状况的准确预测，从而提高供水效率、优化资源配置，并有效应对供需矛盾。以下是物联网技术在水资源配送和需求预测中的主要应用方面。

1. 智能水表和远程监控

物联网技术可以通过智能水表实现对用户用水情况的实时监测和远程读数。智能水表通过内置的传感器和无线通信模块，可以记录和传输用户的用水数据，包括用水量、用水时间等。这些数据可以通过无线通信网络被传输到供水公司或相关管理部门，以实现对用水情况的监控和分析。基于这些数据，供水公司可以了解用户的实际用水情况，进行精确计量和定价，并及时发现并应对异常情况（如漏水、过度用水等）。

2. 实时供需调控

利用物联网技术，供水公司可以实时监测水资源的供应情况和用户的需求情况，从而实现实时的供需调控。通过智能水表和传感器，供水公司可以了解到不同地区和用户的用水情况，包括用水量、用水时间等，并结合供水系统的实时监测数据，对供应管网的压力、水源的水量进行实时监控。基于这些数据，供水公司可以根据实际需求情况，灵活调整供水量和供水计划，避免供水过剩或供水不足的情况发生。

3. 智能配送和路线优化

物联网技术可以实现对供水车辆和物流的管理，实现智能配送和路线优化。通过在供水车辆上安装传感器和通信设备，人们可以实时获取车辆的位置、行驶速度、载货量等信息。供水公司可以将这些数据与供水计划和用户需求进行对比，实现智能配送和路线优化。通过综合考虑路况、用户需求和水源供应等因素，供水公司可以确定最佳的配送路线，减少车辆的行驶里程和时间，提高供水效率和配送准确性。

4. 需求预测和供应计划

物联网技术结合大数据分析和人工智能算法，可以帮助人们实现准确预测需求和规划供应方案等目标。通过收集和分析历史用水数据、气象数据、人口数据等多种数据来源，人们可以建立预测模型和算法，预测未来的水资源需求趋势。这样的需求预测可以帮助供水公司制定合理的供应计划，包括对供水量、供水时间和供水区域的规划。同时，通过实时监测用户用水数据，供水公司可以及时发现问题并调整供应计划，满足用户的实际需求。

5. 水资源管理决策支持

物联网技术为水资源管理决策提供了更加科学和准确的数据支持。通过物联网技术收集到的大量水资源相关的数据，人们可以用来进行数据分析和可视化展示，帮助管理者全面了解水资源的状况、供需矛盾和管理效果。基于这些数据，人们可以制定科学决策，优化水资源配置，制定合理的供水政策和措施。

三、人工智能和大数据在水资源管理中的应用

（一）人工智能和大数据的基础介绍

人工智能（Artificial Intelligence，AI）和大数据是当今科技领域中备受关注和迅速发展的两个重要领域。它们的结合为各行各业带来了巨大的变革和机遇。

人工智能是一门研究如何使计算机模仿人类智能的学科。它利用计算机和算法来模拟、扩展和增强人类的智能，使机器能够具备感知、理解、学习、推理、决策等类似人类思维的能力。人工智能的核心研究领域包括机器学习、自然语言处理、计算机视觉、专家系统和强化学习等。大数据是指由于技术进步和信息化发展而产生的大量、高速、多样化的数据。大数据具有 3 个主要特征：数据量大、产生速度快和多样性。大数据主要来源于互联网、传感器、移动设备等各种数据采集渠道。大数据的价值主要体现在数据的分析、挖掘和应用方面。通过对大数据的处理，人们可以揭示数据背后的规律和趋势，为决策提供支持、优化运营、改进服务等。

人工智能和大数据之间存在密切的关系和互动。一方面，大数据为人工智能提供了丰富的数据资源，支持机器学习算法的训练和优化。通

过分析大数据，人们可以从中发现隐藏的模式和关联，为机器学习算法提供训练样本，从而使机器能够具备更强大的智能和决策能力。另一方面，人工智能技术可以处理和分析大数据，从中提取有价值的信息，实现智能化的数据处理和决策支持。

人工智能和大数据的结合在多个领域都产生了深远的影响。在医疗健康领域，人工智能可以利用大数据进行疾病诊断、药物研发和个性化治疗；在金融领域，人工智能可以通过大数据分析实现风险评估、反欺诈和智能投资；在交通领域，人工智能可以通过大数据分析实现交通管理、智能驾驶和路况预测等。此外，人工智能和大数据的结合还广泛应用于智能城市、物联网、智能制造和客户服务等领域。

然而，人工智能和大数据也面临着一些挑战和问题，包括数据隐私和安全、伦理和道德问题、算法偏见和可解释性等。因此，合理规范和管理人工智能和大数据的应用，加强隐私保护和数据安全保护是非常重要的。人工智能和大数据是当前科技发展的两个重要方向。它们相互依存、相互促进，为各行各业带来了巨大的创新机遇。人工智能和大数据的结合将进一步推动科技的进步，带来更多智能化的高效解决方案，并对社会和经济发展产生积极影响。

（二）人工智能和大数据在水资源管理中的应用

物联网技术在水资源管理中的应用能够对水质进行监测、对水资源提供支持和决策等。人工智能和大数据在水资源管理中同样有类似的作用，人工智能和大数据为水资源的管理和保护带来了全新的方法和工具。结合人工智能和大数据分析的技术，可以实现水资源的智能化监测、预测、优化和决策支持，帮助管理者更好地了解和管理水资源，实现可持续利用和保护。以下是人工智能和大数据在水资源分析和决策中的主要应用。

1. 水质分析和污染监测

人工智能和大数据可以结合水质传感器的数据、遥感数据等进行水质分析和污染监测。通过收集大量的水质数据和环境数据，利用人工智能算法进行数据分析和模式识别，人们可以实现对水体水质的评估、异常检测和污染源追踪。这有助于人们及时发现水质问题，并采取相应的控制和治理措施，保障水资源的质量和可持续性。

2. 水资源量和供需预测

通过结合大数据分析和机器学习算法，人们可以利用历史水资源数据、气象数据、人口数据等进行水资源的量和供需的预测。分析和挖掘这些数据，可以帮助人们建立预测模型，预测未来的水资源需求趋势和水量变化。这有助于管理者制定合理的供水计划和调度策略，以应对供需矛盾，确保水资源的合理分配和利用。

3. 水资源优化和节约

人工智能和大数据可以应用于水资源的优化和节约方面。大数据分析可以帮助人们识别并分析出水资源利用过程中的浪费和低效现象，并提出相应的改进措施。例如，在农业灌溉中，分析土壤水分、气象条件、作物需水等数据，可以助力于实现精确灌溉，减少用水量，提高用水效率。此外，人工智能还可以与智能水表和传感器网络相结合，实现对用户用水行为的监测和分析，通过提供个性化的用水建议，引导用户节约用水。

4. 水资源管理决策支持

结合人工智能和大数据的技术，可以为水资源管理者提供决策支持。通过整合、分析和可视化处理大量的水资源数据，这种技术可以帮助管理者全面了解水资源的状况、供需矛盾和管理效果。人工智能算法可以处理和分析这些数据，发现隐藏的模式和关联，提供决策所需的洞察和预测。这有助于管理者制定科学的决策和管理策略，优化水资源分配和利用，推动水资源管理的可持续发展。

5. 水灾预警和应急响应

人工智能和大数据可以结合气象数据、水文数据等进行水灾预警和应急响应。通过实时监测和分析水位、降雨量、河流流量等水文状况，人工智能算法可以识别水灾风险，提前预警并让人及时采取措施。此外，结合大数据分析和模拟仿真技术，人工智能可以帮助人们优化水灾应急响应方案，提高抗灾能力，减少灾害损失。

人工智能和大数据在水资源分析和决策领域具有广泛的应用潜力。通过智能化监测、预测、优化和决策支持，人们可以实现水资源的智能管理和可持续利用。然而，人工智能和大数据的应用也面临一些挑战，如数据隐私和安全、算法偏见和可解释性等问题，需要人们在应用过程中对其加以考虑并解决。因此，合理规划和管理人工智能和大数据的应用，加强数据保护和隐私保护是非常重要的。

三、智能水系统的构建和应用

（一）智能水系统的构建方法

在当今的信息化时代，通过智能化技术对基础设施进行优化和升级已成为一种趋势。其中，智能水系统作为一种全新的概念，正逐步引起人们的关注。下面将深入探讨如何构建一个智能水系统。

首先，应确定构建智能水系统的目标，包括提高用水效率、降低运营成本、改善服务质量、减少水污染等。明确了目标后，就可以根据目标来选择合适的技术和工具，制定详细的实施计划。

其次，需要进行详细的系统设计。选择和安装适合的传感器和设备并收集必要的数据。这些设备可以监测水质、水压、水温、流量等参数，并能实时将数据发送到中央控制系统。传感器的选择和安装位置应根据系统的具体需求和实际环境来确定。除了传感器，还需要考虑通信网络的设计。由于智能水系统需要实时收集和处理大量的数据，因此需要一个稳定、可靠、高速的通信网络来支持系统的运行，还要考虑网络的安全性，以防数据被恶意篡改或窃取。

再次，在硬件基础设施就绪后，要开发和配置软件系统。这包括数据收集和处理系统、预警和决策支持系统、用户界面等。数据收集和处理系统负责接收传感器发送的数据，对数据进行清洗、整理和分析，然后生成有用的信息和报告。预警和决策支持系统则根据数据和预设的规则，自动生成预警信息或建议，帮助运营人员做出决策。用户界面则应为运营人员提供一个方便的操作平台，让他们可以轻松查看和控制系统状态，执行必要的操作。当软件系统就绪后，需要进行系统集成和测试。系统集成是指，将所有的硬件设备和软件系统整合到一起，形成一个完整的智能水系统。测试则是为了确保系统的正常运行，以及验证系统是否能达到预期的效果。测试过程中可能会发现一些问题，需要进行调整和优化。

最后，需要对系统进行运营和维护。系统上线后，需要对系统进行实时监控，以确保系统的稳定运行。此外，还需要定期进行系统维护，包括检查和更新设备、更新和优化软件、备份和恢复数据等。运营和维护过程中，人们也需要不断收集和分析系统运行数据，对系统进行评估和优化，以不断提高系统的性能。

构建一个智能水系统是一个复杂而细致的过程，需要充分考虑系统的目标、环境、技术、运营等各方面的因素。通过明确的目标设定，精心的系统设计，严谨的实施和运营，人们才有可能构建出一个高效、可靠的智能水系统，以实现各项目标，为生活带来便利。

（二）智能水系统的优点和挑战

智能水系统作为新兴的管理模式，已经在全球范围内引起了广泛的关注。通过采用先进的信息技术和通信技术，智能水系统为水资源管理带来了诸多便利，但同时也面临着不少的挑战。

（1）智能水系统有助于减少运营成本。通过实时监测，人们可以实现对水资源使用的精确控制，从而减少不必要的消耗，降低运营成本。同时，智能系统可以自动处理许多常规任务，降低人工运营的成本。

（2）智能水系统可以提高服务质量。智能水系统能通过实时监测和预测分析，提前发现和解决问题，如管道破裂、水质下降等。这不仅可以避免问题发生对用户的影响，还可以减少其对环境的影响。

（3）智能水系统可以实现水资源的可持续利用。通过精确的数据分析和预测，智能水系统可以制定出更合理的水资源分配策略，保证水资源的高效利用，同时有助于保护水资源，促进可持续发展。

然而，建设智能水系统也面临着一些挑战。

（1）数据安全和隐私保护。由于智能水系统需要收集和处理大量的数据，因此数据安全和隐私保护成为需要关注的问题。如何保证数据的安全，防止数据被恶意篡改或窃取，是建设智能水系统面临的重要挑战。

（2）技术需要不断更新，设备需要定期维护。智能水系统的搭建和运行依赖于先进的信息技术和设备，如传感器、通信设备、数据处理系统等。这些技术和设备需要定期更新和维护，以保证其正常运行。同时，技术的更新也可能带来系统升级，这也是一个挑战。

（3）需要制定相应的政策和法规。使用智能水系统的过程中，需要有相应的政策和法规对相关人员进行指导和监管。但是，由于智能水系统是新兴的技术，因此许多地方的政策和法规可能并不完善。因此，如何制定和实施这些政策和法规，也是一个挑战。

智能水系统虽然有诸多优点，但是也面临着一些挑战。人们需要充分认识到这些优点和挑战，以便更好地利用智能水系统，实现水资源的高效管理和可持续利用。同时，人们也需要不断研究和创新，克服这些挑战，推动智能水系统的进一步发展。

第三节　集成水资源管理

一、集成水资源管理的理论框架

（一）系统思维与集成水资源管理

系统思维是一种全局观念，注重从整体来看待问题，强调各部分之间的关系和相互作用，而集成水资源管理则是一个跨学科的方法，要求在管理水资源的过程中考虑到所有相关的水资源问题。这两者的结合，就为人们提供了一个全新的视角来管理和利用水资源。

在传统的水资源管理中，人们通常会将问题分解，分别处理各个部分。例如，人们可能会分别进行水质管理和水量管理。然而，这种分解的方式往往忽视了问题之间的关联，可能会导致管理效果的降低。例如，过度的抽水可能会导致地下水位的下降，进而影响到地表水的水质。如果忽视了这种关联，就可能无法有效地解决问题。

系统思维启发人们将问题作为一个整体来看待，强调各部分之间的关系和相互作用。在集成水资源管理中，人们需要将所有水资源问题作为一个系统来看待，考虑各部分之间的关联和影响。例如，不仅需要考虑水的供应和需求，还需要考虑水的质量，以及人类活动对水资源的影响。系统思维还强调反馈机制的重要性，在集成水资源管理中，也需要建立有效的反馈机制，以便及时调整管理策略。例如，人们可以通过监测水资源的状态，如水量、水质等，获得相关信息，调整管理策略。这样，就可以更有效地管理水资源，达到更好的效果。

集成水资源管理并不是一个简单的任务。它需要人们有足够的知识和技能水平，以便理解和管理复杂的水资源系统。例如，人们需要了解水资源的物理、化学和生物特性，以及人类活动对水资源的影响，还需要具备数据分析和决策制定的能力，以便根据各种信息制定出合理的管理策略。集成水资源管理还需要人们有合作和沟通的能力。因为水资源的问题通常涉及多个部门和利益相关者，所以水资源管理人员需要与他们进行有效的沟通和协调，以便达成共识，制定出公认较好的管理策略。

系统思维为集成水资源管理提供了一个全新的视角和工具。它通过将问题作为一个整体来看待，强调各部分之间的关系和相互作用，可以让人们更有效地管理水资源，更好地满足人类的需求，同时保护水资源，促进可持续发展。

（二）集成水资源管理的基本原则

集成水资源管理是一种流程，它促进了协调开发和管理水、土地和相关资源的活动，旨在实现经济效益和社会福祉最大化的同时，不牺牲生态系统的可持续性。它将水管理的各个方面整合在一个统一的框架中，从而提供了一种全面、协同和可持续的管理策略。它的实施基于4个基本原则。

1. 公众参与原则

在涉及水资源的决策过程中，社区和公众参与起着重要的作用。广泛的社会参与可以帮助确保所有利益相关者的需求和关切都得到妥善考虑，同时可以提高决策的透明度和公平性。此处之公众不仅包括所有使用水的用户，还包括那些受到水相关决策影响的人。

2. 环境需求原则

集成水资源管理的另一个重要原则是考虑环境的需求。水资源管理策略必须考虑到维护生态系统健康和完整性的需求，因为这对于确保水资源的长期可持续性至关重要。具体措施包括保护水源，预防污染，以及在必要时进行修复。

3. 经济效益原则

经济效益是另一个关键的原则。在评估各种可能的管理策略时，应评估其经济效益，并对成本和收益进行充分的权衡。最有效的策略通常是那些在经济上最有利，同时考虑了社会和环境效益的。

4. 制度能力建设原则

有效的水资源管理需要合理的政策、法规和组织结构，以及足够的人力、技术和财政资源的支持。此外，政策制定者、管理者和用户都需要有足够的知识和技能，以便理解和应对水资源管理的挑战。

集成水资源管理的基本原则强调平衡和全面，旨在满足社会、经济和环境的需求。通过公众参与、环境保护、经济和制度能力建设，集成水资源管理提供了一种在资源稀缺和竞争加剧的情况下，有效和可持续管理水资源的框架。

（三）集成水资源管理的关键要素

集成水资源管理是一种全面的方法，旨在以可持续和平衡的方式管理水资源。以下是实施这一管理方式的一些关键要素。

1. 制度框架

制度框架是实施集成水资源管理的基础，包括相关的法律、法规、政策和管理制度。这些制度应该支持合理的水资源分配、保护水质和维护生态系统的完整性。

2. 公众参与

公众参与是确保所有利益相关者在水资源管理过程中有机会发声的关键。有效的公众参与可以帮助集成各方意见，提升管理计划的接受度和效果。

3. 数据和信息管理

科学的数据和信息管理是指导决策的基础。包括收集、整理、分析各种与水资源相关的数据和信息，并确保信息的准确性、完整性和可用性。

4. 容量建设

容量建设包括培训、教育、研究和技术支持，目的是提升相关人员对集成水资源管理的理解和实施能力。

以上几点是实施集成水资源管理的关键要素，但这不是一成不变的，实际操作中可能需要根据具体的环境、社会、经济和政策情况进行调整。

二、集成水资源管理的工具与技术

（一）水资源评估技术

水资源评估是一个复杂的过程，涉及许多技术和方法，旨在测量和评估水资源的数量、质量以及其可持续使用性。这一过程需要综合运用地理、气象、水文、生物、化学等多学科的知识和技术。

地理信息系统（GIS）和遥感技术已经成为现代水资源评估的重要工具。利用遥感技术，人们可以获取地表水、土壤湿度、植被覆盖、气候变化等方面的信息，而 GIS 可以帮助人们将这些信息整合在一起，形成水资源的空间分布图，从而帮助人们更好地理解水资源的状况和动态变化。除了地理信息和遥感技术外，模型模拟也是水资源评估时需要用到的关键技术之一。通过建立数学模型，人们可以模拟水的循环过程，包括降水、蒸发、径流、地下水流动等，进而预测未来水资源的变化趋势。同时，模型模拟也可以帮助人们理解不同因素（如气候变化、土地利用变化）对水资源的影响。

水资源的质量评估是另一个重要的方面。进行质量评估时，通常需要有关人员采集水样，进行化学、生物、微生物等分析，以了解水的pH、硬度、营养物含量、重金属含量、有机污染物含量等，从而评估水的可用性和健康风险。新的分析技术，如高通量测序和生物指示物技术，使人们对水质的理解更加深入。为了进行有效的水资源管理，人们还需要对水资源的使用和需求进行评估。这通常涉及对人口、经济、社会、环境等因素的研究。人们可以通过进行统计分析、社会调查，建立经济模型等方式，了解不同用户（如家庭、农业、工业、生态系统）的用水需求，以及其使用水的效率和影响。

水资源评估是一个跨学科的实践，需要运用多种技术和方法。随着科技的进步，人们正在开发更加精准、高效的评估工具，以更好地管理和保护水资源，推动人类社会的可持续发展。

（二）水资源模拟与预测技术

水资源模拟与预测技术是现代水资源管理中不可或缺的工具，它们帮助人们理解和预测水资源的动态变化，以便更好地规划和管理水资源。

水资源模拟通常依赖于水文模型的建立，这些模型是基于物理、化学和生物过程的数学表达。例如，模型可能会模拟降水如何转化为地表径流和地下水，如何在河流和湖泊中流动，或者如何在大气和植被中蒸发和蒸腾。模型可以有不同的复杂度，从简单的统计模型和经验公式，到复杂的物理过程模型和机器学习模型，都可以被应用于水资源模拟。

在模拟过程中，人们需要提供大量的数据，如气象数据、地形数据、土壤数据、植被数据等。这些数据可以来自地面观测，也可以来自遥感和气候模型。此外，人们还需要选择合适的参数和初始条件，这可能需要通过场地试验或参数优化技术来得到。模拟结果可以帮助人们理解水资源的空间分布和时间变化特点，以及不同因素（如气候变化、土地利用变化）对水资源的影响。然而，由于水文过程的复杂性和不确定性，因此模拟结果通常需要通过观测数据进行校验和修正。

与此同时，预测技术则能够根据现有的数据和模型，预测未来水资源的变化。预测可以基于统计方法，如时间序列分析和回归分析，也可以基于模型模拟，如使用气候模型的输出作为输入。预测结果可以用于各种目的，如短期的洪水预警，长期的水资源规划以及气候变化对水资源的影响评估等。然而，预测的准确性会受到许多因素的影响，如模型的不确定性、数据的误差、未来情景的不确定性等。

水资源模拟与预测需要人们持续努力，包括改进模型的精度，提高数据的质量，采取适当措施应对不确定性，以及开发更有效的预测方法。随着科技的发展，如高性能计算、遥感和大数据技术的应用，预测技术正在稳步发展。然而，人们仍然面临着许多挑战，例如，如何处理大规模和复杂的数据，如何理解复杂和非线性的水文过程，以及如何评估和管理预测的不确定性。

水资源模拟与预测技术是水资源管理的重要工具，它们为人们提供了理解和管理水资源的科学基础。然而，这也是一项复杂的任务，需要人们不断地学习和创新，以应对日益严峻的水资源挑战。

（三）水权交易与经济激励机制

在水资源紧张和需求日益增长的背景下，水权交易和经济激励机制已成为全球水资源管理的重要手段。这两种方法的主要目标是通过市场机制和经济激励，优化水资源的分配，鼓励节水行为，减少水资源的浪费，并促进水资源管理的可持续发展。

水权交易是指在法律和政策的框架下，水权持有者之间自愿交易水权的活动。水权可以被视为一种所有权，它赋予持有者使用一定量水资源的权利。通过水权交易，水资源可以从低效率的用水部门或地区转移到高效率的用水部门或地区，从而提高水资源的总体使用效率。然而，水权交易并非简单的买卖过程，它涉及一系列的法律、经济、社会和环境因素。例如，水权交易需要一个公正和透明的市场机制，以保证交易的公平性和效率；水权交易需要有效的法律和政策支持，以保证交易的合法性和合规性；水权交易还需要考虑水权交易对地方经济、社会公正和环境可持续性的影响。

在这个过程中，经济激励机制起着关键的作用。它可以鼓励用户节约用水，鼓励企业和农户采用节水技术和方法，鼓励人们研发和推广新的水资源管理技术和方法。经济激励机制可以采取多种形式，如税收优惠、补贴、价格机制、信贷和保险等。经济激励机制也有其挑战和限制。例如，如何设计有效的激励政策，如何防止激励政策被滥用，如何确保激励政策的公平性和可持续性等。经济激励机制需要与法律、政策、市场和社会等多方面因素相结合，才能取得预期的效果。

水权交易和经济激励机制为人们提供了新的思路和工具，以应对水资源的挑战。人们也需要认识到，水资源管理不仅是经济问题，还是政策、社会、环境和伦理问题。因此，人们需要采取全面和平衡的方式，才能实现真正的可持续水资源管理。

三、集成水资源管理的创新模式

面对全球变化和不断增长的水资源需求，人们需要更有创意和有效的方法来管理水资源。集成水资源管理是一种全新的管理模式，它将传统的单一和部门化的水资源管理模式转变为更加全面和协调的管理模式。

集成水资源管理的核心是全面和平衡的观念。它能帮助人们认识到水资源的多样性和复杂性，以及水资源与经济、社会、环境等多方面因素的密切关系。因此，它强调整合和协调各种水资源的使用和管理，以实现经济效益、社会公正和环境可持续性兼顾的综合目标。

（一）区域化管理模式

这种模式强调水资源管理应当基于自然的水系和流域，而非人为的行政区划。这样，人们可以更好地理解水资源的自然过程，并因势利导，进行水资源管理。

（二）参与式管理模式

这种模式强调所有的利益相关者，包括政府、企业、社区和公众，都应参与到水资源管理的决策过程中。这样，人们可以更好地理解和平衡各方的需求和利益，也可以提高决策的透明度和公正性。

（三）信息化管理模式

这种模式利用信息技术，如远程感测、GIS 和模型建立技术，收集、处理和分析水资源数据，以支持水资源管理的决策和行动。这样，人们可以更好地理解和预测水资源的变化和影响，同时可以提高管理的效率。

（四）持续性管理模式

这种模式可以让人们认识到，水资源管理是一个持续和动态的过程，需要不断地学习、适应和改进。这样，人们可以更好地应对水资源的不确定性和变化性，同时可以实现水资源管理的长期和可持续目标。

以上 4 种模式并非相互排斥，而是相互补充的。在实践中，人们需要根据具体的条件和需求，灵活和创新地应用和整合这些模式，以实现真正的集成水资源管理。

第六章 水资源管理与污水处理实践案例

第一节 水资源管理实践案例分析

一、长江干流化工园区水资源管理与保护

（一）长江干流主要化工园区布局情况

1. 长江干流四川段

长江干流四川段主要涉及攀枝花市、泸州市和宜宾市等地。沿线攀枝花钒钛高新技术产业开发区，着重发展氯碱、煤基化工等项目的下游化工产品，攀枝花格里坪工业园区，形成以煤及煤化工为主导的工业体系；泸州国家化工新材料高新技术产业化基地，着力发展煤化工、天然气化工和精细化工等，泸州纳溪经济开发区重点推进合成氨、硝基化工等产业，泸州市合江县临港工业园主要发展天然气化工、煤化工和精细化工等产业；宜宾市江安县阳春工业园区形成了氯碱化工、硫磷化工等优势产业。

2. 长江干流重庆段

长江干流重庆段的主要化工园区及其发展情况如下。长寿经济技术开发区主要发展天然气化工、石油化工等产业；在白涛化工园区，天然气、氯碱、乙炔、丙烯酸、聚酰胺等产业链基本建成；龙桥工业园以石

油化工、天然气化工等为重点；万州经济技术开发区积极发展"两碱一氯"，形成氯碱化工产业集群。

3. 长江干流湖北段

长江干流湖北段主要涉及宜昌市、荆州市、武汉市、黄冈市、鄂州市和黄石市等地，沿线化工园区高密度布局。其中宜昌国家高新技术产业开发区形成精细磷化工、生物医药等产业集群；枝江经济开发区着重发展煤化工、磷化工、盐化工和石油化工；宜都工业园区重点发展精细化工和医药化工产业；荆州高新技术产业开发区形成了精细化工、生物医药等产业集群；武汉化学工业区构建以炼化一体化基地为核心的石化产业基地；黄冈化工产业园重点发展液化天然气、硫化工、钛化工等产业；鄂州葛店经济技术开发区形成生物医药、精细化工等优势产业；阳新工业园区形成轻纺加工、医药化工等产业集群。

4. 长江干流湖南段

长江干流湖南段主要涉及岳阳市。目前岳阳经济技术开发区发展了生物医药、新材料等主导产业；岳阳绿色化工产业园重点发展精细化工、催化剂等新材料产业，同时积极发展丙烯、芳烃、煤化工等产业链。

5. 长江干流江西段

长江干流江西段主要涉及九江市内的两个园区。其中九江石化工业园区重点打造石油化工、现代轻纺等产业集群，湖口高新技术产业园区形成精细化工特色产业体系。

6. 长江干流安徽段

长江干流安徽段主要涉及安庆市、池州市、铜陵市、芜湖市、马鞍山市等地，主要化工园区情况如下。安庆高新技术产业开发区形成化工新材料、精细化工等优势产业；东至经济开发区重点发展煤化工、石油化工、精细化工等产业；在铜陵经济技术开发区，冶金化工等产业快速崛起；无为经济开发区形成了煤气化为主的煤化工产业格局；马鞍山慈湖国家高新技术产业开发区重点打造现代化化工产业基地。

7.长江干流江苏段

长江干流江苏段流经南京市、镇江市（扬州市）、泰州市、常州市、无锡市、南通市、苏州市等地，部分园区情况如下。南京化学工业园区大力推进石油化工、精细化工、高分子材料等产业；镇江新区新材料产业园区重点发展高端精细化工等产业；扬州化学工业园区形成以乙烯、丙烯、芳烃等为上游原料，环氧乙烷、乙二醇等为中游产品，高端精细化工产品等为下游产品的产业链；江苏省泰兴经济开发区形成氯碱、医药、农药等优势产业；江苏扬子江国际化学工业园区形成页岩气新材料、精细化学品等产业链；江苏高科技氟化学工业园着力打造含氟高分子材料战略基地；洋口港经济开发区重点发展石化新材料等产业。

8.长江干流上海段

长江干流上海段主要涉及崇明区、宝山区以及浦东新区。目前建有两个大型化工产业园，其中上海化学工业区形成乙烯、丙烯、芳烃等产品链，上海精细化工园区主要发展各类催化剂、食品添加剂等精细化工产品。

总体来看，沿江各省（直辖市）的化工园区因资源条件、地理位置等不同而各具特色，且发展阶段不尽相同。重庆市多为石油化工、氯碱化工等产业；湖北省主要涉及炼油、石油化工、基本化工原料和精细化工等行业；江苏省既有综合化工园区，又有氟化学等专业特色园区；上海市依托区位条件和空间资源优势形成临海沿江产业带布局。但同时，干流沿线多个化工园区产业结构基本类似，入园企业所需的原材料及生成产品基本相同，易导致"同质竞争"，应引起重视。

（二）强化沿江化工园区水资源管理与保护措施

1.积极践行长江大保护战略，全面落实最严格水资源管理制度

积极践行长江大保护战略，坚决把修复长江生态环境摆在压倒性位置。全面落实最严格水资源管理制度，综合评判流域内化工产业布局与水资源条件的匹配性、园区及企业布局的合理性，制订流域内化工园区水资源高效利用与水污染治理方案。严控沿江园区用水总量，倒逼化工

园区发展方式转变；实行用水效率控制制度，严格节水设备与市场产品准入制度，全面推进节水型园区建设；严控污染排放总量，建立流域内废弃物和污水排放标准；严格水资源管理与保护执法检查制度，通过行政处罚、停产整顿、取缔关闭等措施强化主体责任，不断提高水资源管理与保护水平。

2. 创新水资源管理与保护机制，建立流域内水资源开发与产业协同发展长效机制

积极探索沿江化工产业退出补偿机制，引导污染化工企业有序退出。协调流域内各方利益，构建生态补偿机制，按照"谁受益，谁补偿"的原则，探索流域内水资源开发与影响补偿制度，包括补偿标准、补偿模式等。健全环境损害赔偿制度和责任追究制度，开展园区风险评价和水资源论证后评估。建立流域排污权交易机制，利用市场机制建立园区内污染物排放指标有偿分配机制。探索上中游地区污染物减排能力较差、成本较高的园区的良性退出机制，完善财政补助、税收优惠等政策，统筹解决淘汰落后产能的资产补偿、人员安置等问题，健全因水资源问题产生的矛盾纠纷调处机制。探索流域水资源开发与产业协同发展机制，引导社会资本参与沿江水资源管理与保护。加强水资源管理与保护联防联控，建立健全跨部门、跨区域的联合执法、信息共享联动机制。

3. 强化长江流域水资源刚性约束，严格化工园区建设项目准入管控要求

以水资源管理"三条红线"为刚性约束，严格长江干流化工园区及建设项目准入门槛，坚决取缔不具备相应条件的园区。从规划选址、环境保护、取水许可审批与管理等环节，有序做到转移一批、关停一批、升级一批。严格执行国家有关化工行业准入标准及区域禁限批政策，重点引进技术含量高、附加值高、资源消耗低的化工产业。严格化工园区规划水资源论证和建设项目水资源论证，严格按照《建设项目水资源论证导则第5部分：化工行业建设项目》（SL/T 525.5—2021）等的要求，切实从产业政策相符性、规划布局合理性、生产工艺先进性、用水指标

合理性等方面做好准入管控，对项目选址、投资规模、水源布局、废水处理、水资源节约与保护措施、监测等提出明确要求。新建化工项目需在通过规划水资源论证的化工园区内统筹。制订沿江化工项目水资源管理负面清单，将需要淘汰的落后工艺、装备及产品列入禁止项目。

4.提高区域水资源承载能力，加强化工产业发展与水资源的协同调控

加大对化工产业与水资源承载能力相关研究的研究力度，进一步优化干流沿线产业布局。加强流域内化工产业发展与水资源协同调控，合理控制经济社会发展布局、规模和产业结构，减少园区用水与污染负荷。针对区域产业结构和规模与水资源承载能力脱钩地区，提出合理的经济发展布局、规模和产业结构方案以及水资源利用的限制性措施，并根据园区特点制定差异性水资源管理与保护政策。此外，分析不同园区供水结构及非常规水源利用潜力，在保障合理生态用水的前提下，统筹调配多种水源，提高循环利用水平，不断提升水资源承载能力。

5.加强园区水资源管理，强化入园企业节水技术改造

提升沿江化工园区用水效率。针对流域内乙烯、聚氯乙烯、甲醇、烧碱、纯碱、硫酸、石油产品等主要化工产品及其工艺情况，分析不同工艺的用水效率，对单位产品取水量的先进值、平均值、限定值、准入值进行比对。结合国家高耗水工艺、技术和装备淘汰目录，督促技术落后企业开展技术改造，推进清洁生产。引导流域内企业参与水效领跑者行动，建立标杆化工园区和企业。采取技术改造、淘汰落后产能、严格新建项目节能评估等措施，提高园区及企业的水资源利用水平，降低单位产品水耗。充分利用推介会、媒体等多种形式进行宣传，为水资源管理与保护营造良好氛围。

6.加强园区水资源保护，提高入园企业污水治理水平

结合长江干流化工园区及企业污水处理设施建设、处理能力等情况，取水口、排污口以及水源地保护等信息，分析废水排放量及污染物排放量、废水排放去向等，从污水达标排放率、污染物种类等方面分析企业

排污状况，分析企业及园区是否满足水功能区纳污能力要求，掌握入河排污状况。加大园区水资源保护力度，强化污水处理水平，推进园区及企业生产废水的分类收集、分质处理。加强污水处理厂和园区污水管网建设，严格入园企业建设污水处理装置制度并确保达标排放，加强废水综合回用。制定扶持与优惠政策，补偿再生水等非常规水源利用，加强非常规与常规水资源统一配置。严格排污口论证与管理制度，实行污水排放实时监控。建设污泥等固体废物处置设施，规范废弃物储存、运输和处置全过程。

7.加强基础设施及能力建设，提高园区水资源检测水平与风险管控能力

由于长江流域水资源管理与保护的复杂性、系统性，人们要不断加强基础能力建设。针对当前企业生产、用水过程、排污情况等数据难以协同等问题，人们应综合运用云计算、大数据等技术加快沿江化工园区水资源管理与保护信息平台建设。强化风险管控，严格园区功能分区管理制度，降低事故风险。强化突发环境事件的预防应对，建立装置、企业、园区、流域突发水安全事件的应急响应体系。完善政务公开，定期向社会公开企业建设、搬迁、排污等信息，接受社会监督。

二、乌兰察布市水资源管理

随着社会的迅速发展和科技的不断进步，人们的生活水平得到了极大的提高，但同时，人们对资源也产生了更大的需求。在全球水资源日益紧张的情况下，中国作为人口大国，对水资源的需求更为迫切。世界各国都在积极寻找有效的水资源管理方法，以实现可持续发展。乌兰察布市水资源严重短缺，市政府正在努力寻找解决水资源问题的方法。在推行河长制和实施严格的水资源管理制度的同时，各部门也相应推出了一系列政策。

（一）乌兰察布市基本情况与水资源治理情况

1.自然地理情况

乌兰察布市位于内蒙古自治区的中部，位于东经109°16′～114°49′和北纬39°37′～43°28′。城市面积约为5.45万km²，东西宽度为458 km，南北长度为442 km。地理上，它包含内蒙古高原、乌兰察布丘陵、阴山山地和丘陵台地四部分。阴山山脉中段横跨市中部，海拔范围为1595～2150 m，其支脉包括蛮汉山、马头山和苏木山，这些山脉在乌兰察布市的东南部蜿蜒曲折。

乌兰察布市位于干旱和半干旱的大陆性气候区，其降水分布不均且受时间和地点影响。平均年降雨量呈现从东南向西北递减的趋势，南部和东部约420 mm，中部250～350 mm，北部135～250 mm，大约60%～70%的降水集中在夏季。此外，这里蒸发量大，无霜期短，日照时间长。年蒸发量为1300～3000 mm，平均相对湿度为54%。

2.乌兰察布市水资源概况

乌兰察布市地貌复杂多样，气候属于干旱和半干旱大陆性气候，对于这样的区域，进行水资源的概况调查尤为重要。

乌兰察布市的水资源主要由降水、地表水和地下水组成。降水是水资源的主要来源，然而，受其特殊的气候条件影响，乌兰察布市的降水量分布并不均衡，从东南到西北有递减的趋势。而且，约60%～70%的降水集中在夏季，这给水资源的管理和利用带来了一定的挑战。乌兰察布市的地表水资源主要包括河流、湖泊和水库。其中，河流是主要的地表水资源，市域内主要河流有沙拉沁河、乌兰哈达河等，这些河流为乌兰察布市提供了丰富的水资源。然而，由于乌兰察布市的气候较为干旱，河流的流量在一年中有显著的季节性变化，夏季流量大，冬季流量小。地下水资源主要包括浅层地下水和深层地下水。浅层地下水主要受降水、地表水的补给影响，分布广泛，是农业灌溉的主要水源。深层地下水主要存在于地下岩层中，分布有限，主要用于城市供水和工业用水。

乌兰察布市的水资源面临着严峻的挑战。由于乌兰察布市位于干旱和半干旱区域，加上大量蒸发，因此水资源总体呈现稀缺的状况。乌兰察布市的水资源开发和利用也面临着环境和生态压力。过度开发地下水可能导致地下水位下降，影响地表生态环境。过度利用河流水资源可能导致河流干涸，影响河流生态环境。此外，乌兰察布市的水资源管理也面临着一定的挑战，如降水、地表水和地下水的管理需要协调，以防过度开发和利用。

针对这些挑战，乌兰察布市政府已经采取了一系列措施，包括推行河长制，实施最严格的水资源管理制度，同时各部门也推出了一系列的政策来保护和合理利用水资源。乌兰察布市的水资源状况受其地理位置、气候条件、环境压力和人类活动的共同影响。乌兰察布市需要进一步加强水资源的科学管理，优化水资源的配置，提高水资源的利用效率，以实现水资源的可持续利用。

（二）水资源治理情况

1. 水资源治理机构与职能

乌兰察布市水利局是乌兰察布市政府水行政主管部门，根据自治区批准的《乌兰察布市党政机构改革方案》和乌兰察布市印发的《乌兰察布市机构改革实施意见》，确定其主要职责如下。

（1）负责保障水资源的合理开发利用。

（2）负责生活、生产经营和生态环境用水的统筹和保障。

（3）按规定制定水利工程建设有关制度并组织实施。

（4）指导水资源保护工作。

（5）负责节约用水工作。

（6）指导水利设施、水域及其岸线的管理、保护与综合利用。

（7）指导监督水利工程建设与运行管理。

（8）负责水土保持工作。

（9）指导农村牧区水利工作。

（10）负责重大涉水违法事件的查处，协调、仲裁跨旗县水事纠纷，组织指导水政监察和水行政执法。

（11）开展水利科技和外事工作。

（12）负责大中型水库的移民后期扶持各项工作。

（13）按照职责分工，负责本部门党风廉政建设、意识形态维稳信访、食品安全、脱贫攻坚等工作。

乌兰察布市的水利局与其他部门共同负责水资源管理工作，与应急管理局协作处理自然灾害防救，与交通运输局合作进行河道采砂管理。水利局的主要职责包括全市水资源的监督、水利工程的建设和管理、防治水旱灾害、水土保持和生态建设以及河湖长制的推行。其内部设有农牧水利建设和运行管理监督科、水政水资源科、河湖管理办公室、水旱灾害防御科等，分别负责各个涉水事务的具体处理。

2.法律依据及政策法规

乌兰察布市的水资源治理是依据国家、内蒙古自治区以及乌兰察布市现行的法律法规等开展工作的。依据的法律以《中华人民共和国水法》《中华人民共和国水污染防治法》《中华人民共和国水土保持法》《中华人民共和国防洪法》为主，依据的行政法规和法规性文件主要有《地下水管理条例》《城市供水条例》《中华人民共和国水文条例》《取水许可和水资源费征收管理条例》《农田水利条例》等。另外，乌兰察布市水利局公布了《乌兰察布市水资源保护条例》《乌兰察布市水资源管理办法》等，在进行水资源治理时均可作为依据。

水资源治理所涉及的法律法规，并不局限于水利与水文，一般与林业与草原、自然资源、生态环保、应急管理、交通运输等部门都有密切联系，许多部门职能相互交叉，相互影响，因此水资源治理需要各部门协同合作。

3.全面推行河湖长制

在推进河湖长制的过程中，乌兰察布市不断强化责任落实，不断健全河湖长责任体系，共明确四级河湖长1733名，设立河湖专管员、巡查员、保洁员近万名。到2020年底，市级河湖长巡河（湖）工作达38次、县级达363次、乡级达965次。为着力提升基层河湖长的办公能力，乌兰察布市开发了河湖管护信息平台，运用智能无人机巡河、巡湖，建立了岱海、黄旗海及大黑河水质监测体系，并广泛开展河湖长制宣传教育、河湖管护志愿服务等活动。乌兰察布市河湖水质持续向好，流域生态得到了有效改善，地表水达标率91.7%，重要水功能区和城市饮用水水源地水质达标率均达到100%。由此看来，乌兰察布市在不断地加快全面推行河湖长制进程，在此过程中对水资源的保护工作也已初见成效。

（三）乌兰察布市水资源治理的对策

1. 对水资源进行科学规划，优化水资源配置

对于水量的分配，要充分考虑乌兰察布市各行政区域的资源环境状况、水源地取水情况、各区域用水条件、供水用水现状、当前和未来的用水需求等。对于水资源的配置要以可持续发展理念为基础，坚持公平和高效的原则，建立科学的取水用水体系。

合理配置利用地表水，严格管控地下水，将疏干水、再生水等非常规水源纳入水资源统一配置。优质地下水优先保障城镇生活用水；工业生产用水优先配置非常规水源，逐步置换工业取用地下水。扣除城镇、工业和生态用水后，进行农业灌溉水量的配置，利用农业灌溉计量设施，科学计量、节水用水，逐步压减农业用水总量。超采（载）地区禁止新增取用地下水，加大生态基本需水保障力度，实现水资源的可持续利用。完善水权交易制度，继续推进实施盟市间水权转换，优化调整用水结构。

根据2025年乌兰察布市水资源管控指标，结合区域水资源禀赋条件、供水能力、节水潜力、地下水超采治理目标等，提出乌兰察布市水资源优化配置方案。

推行规划水资源论证或区域评估，制定区域国民经济与社会发展总体规划、城镇规划、行业规划、园区规划等，推行规划水资源论证或者水资源区域评估，促进城乡布局、农业灌溉、人口规模、产业结构、生态建设等与水资源禀赋条件及承载能力相适应。

2. 完善相关主体之间的协同治理体系

全市的工作目标都是为了实现乌兰察布市的和谐有序发展，因此需

要各相关部门、相关利益主体以及社会各界共同努力。一个完善的协同治理体系能够引领社会各界统一向共同的目标努力。

因各部门的职能不同，伴随着科技的发展，其专业化程度不断加深，对于水资源治理难免有不同的治理理念。协同治理理论是以协作为基础，为共同的目标做出各自的努力，实现跨部门合作的治理理论。要将各部门行业单一的运作机制调整为协同合作的有效统筹方式。

乌兰察布市应该首先消除全市各主管部门及各行政区域政府部门之间的芥蒂，构建信任机制，为协同治理奠定信任的基石。

政府部门在统筹全局时必须考虑市场与公众的作用。在水资源治理中，市场作为庞大的用水体系，也应该是水资源治理的主力军，平衡用水与治水，使之相互联系，才能增强市场的活力。而公众作为庞大的舆论体系的重要部分，参与节水相关的活动，可以起到监督与宣传的作用。因此，在乌兰察布市的水资源治理中，要强调政府、市场与公众的协同治理，缺一不可。

根据利益相关主体制定协调机制，促进利益协调，促进合作。为协同治理建立协调机制，可以有效地保障各部门的相关利益，在有所保障时，各相关主体才能尽其所能地发挥作用，提高协同治理的效率。

3.加强信息化管理建设

（1）加大对水资源治理信息化建设的投入。对水资源治理信息化建设的投入包括财力、人力、技术等方面。对水利的投入就如同对电力、教育的投入，在发展初期都需要做好基础设施建设。因此，政府首先应该加大对水资源治理的财政投入。当然，对其的投入需要人们全面理解水资源治理信息化的内涵，不能仅仅将其用于传统的水利工程与水利管理中，要学习借鉴成功经验。还有，要加大对水资源治理的人力投入，即适当增加水资源治理小组，并对其进行绩效考核，根据水资源治理的实际情况改变治理小组的人员配置与规模。最后，要紧紧跟随科技的脚步，引入适宜本地水资源治理的科技力量，做好前期资料收集与规划，不能一直试错，浪费财政资源。

（2）加快水利信息化平台的建设进程。在信息化时代，高效的信息共享能提升整体工作效率和准确度。乌兰察布市在进行水文和水资源信息化建设时，应建立信息共享平台，以推进各部门和社会组织的协同治理。平台应根据各类水资源数据，如水文基础数据、取水用水情况、水资源论证等，实现全市水资源数据的共享、分析、应用。依赖大数据技术，平台应能对各区域的水资源基本情况，如水资源开发利用、水污染和环境监测、涉水事务公开情况，以及水文气象与灾害等数据进行直观展示。

平台架构包括环境层（基础设施、网络环境和软件资源）、数据层（包括地理概况、水资源基本数据、协同治理部门和组织情况等大数据）、服务层（平台开发和信息维护）和应用层（用户获取、管理和应用数据的主体部分）。平台应设置不同账户，向不同用户展示不同的数据。公众可以在平台了解乌兰察布市的水资源基本情况，以充分认识到水资源的匮乏；水资源协同治理相关部门则可以登录共享数据库进行数据的更新、维护和上报。

（3）注重信息化设备的维护工作。乌兰察布市拥有大量的水利信息化设备，但由于操作错误、管理疏忽和维护不及时等原因，许多设备过早老化或被损坏。实际上，水文与水利设备中有许多是自动化的，可以自动进行记录和数据传输，后期只需进行简单的数据汇总。但这些设备的维护需要专业公司和专业人员。尽管在基础设施建设阶段投入了大量的人力和财力，但后期的合理使用和维护也是至关重要的。

4.完善水资源治理绩效考核制度

（1）完善考核法规构建。为确保水资源治理遵循法律规定，要实行最严格的水资源管理制度。《实行最严格水资源管理制度考核办法》（国办发〔2013〕2号，以下简称《考核办法》）由国务院办公厅发布，明确了对所有省份、自治区和直辖市落实最严格水资源管理制度的考核这一要求。乌兰察布市应根据其各旗、县、区的水资源状况，在《考核办法》的基础上，发布有针对性的法规政策，确保水资源治理绩效考核的有效执行。

（2）提倡公众参与。水资源治理的协同过程强调公众的参与，同样，公众的参与也应在水资源治理绩效考核中得到体现。然而，乌兰察布市在这方面存在不足，公众对水资源治理了解有限。政府、社会和公众的协同治理成果应对公众公开，并让他们参与到绩效考核中，以全面、客观地评估年度水资源治理绩效。这不仅能提升政府的公信力，深化公众与政府的联系和信任，还能增强公众对水资源治理的责任感，从而提升治理效果。

（3）明确问责机制。在水资源治理绩效考核中，确立明确的问责机制和提高规范化考核的权威性，是责任保障的重要组成部分。由于职权关系的模糊性，考核实施起来有一定难度。因此，应该在问责机制中开通监督渠道，让各方力量有序地参与，真正推动政务透明化。建立涵盖各个行业、领域和层级的乌兰察布市级和地方级考核专家库，并建立纪检、审计及公众参与的监督指导人员库，对其进行科学分类和动态管理，以对考核工作进行平衡和监督。

5.优化公众参与途径，创建节水型社会结构

（1）提高污水利用率。乌兰察布市对废水的再利用率很低，且并未对雨水进行过任何收集和利用。为了最大程度地利用这些稀缺的水资源，市政府急需引入高效的废水再利用系统。城市废水的再利用是一项涉及多个学科和部门的系统性工程。因此，必须对各种废水处理系统进行全面和深入的考察和研究，根据本市的实际情况选择最适合的废水处理系统，以提高废水的再利用率。同时，政府应加强宏观调控，依据相关的法律和政策规定来管理和使用水，提高社会管理水平和公共服务质量。

（2）健全节水奖励机制。在水资源管理中，政府应发挥关键作用，建立完善的企业污染排放和节水激励机制。例如，制定明确的评估标准，按级别评估企业是否符合节水和环保的要求。对于符合标准的企业，应实行水资源费减免并给予表彰，以提高行业用水效率，创建节水模范，并发挥其标杆作用，促使各领域参与到节水社会的建设中。

政府还应鼓励公众积极参与水资源管理工作，如设立举报热线，让公众对水资源浪费行为进行举报，增强公众责任感，让他们深度参与水资源管理。同时，可以通过问卷调查和座谈会等形式收集公众对水资源保护和管理的意见，并对采纳的建议和成效进行公示和奖励，以提高公众参与水资源保护和管理的积极性。

（3）加强宣传力度，倡导节水文化。节水宣传是一种以保护水资源为目标的公益性活动，需要政府、社会组织、公众的广泛参与。以政府为主导，公众参与为目标，各部门加大节水宣传力度，组织节水活动，让公众都能参与到节水活动中来。

水利相关部门可以以线上宣传的方式，在水利官网公布水资源信息，并通过新闻媒体、短视频平台、微信公众号等渠道宣传节水知识，引导社会各界参与节水活动，打造节水文化氛围；也可以在线下举行节水宣传活动，以社区为单元，大力倡导节水文化，在社区建立节水用户表扬专栏，对提供节水妙招、提出水资源治理措施、节水有方的居民和家庭给予不同程度的表扬与奖励；还可以在乌兰察布市各旗、县、区评选示范社区，强化居民节水意识，拓展公民参与水资源治理决策的途径；对于知识文化水平相对较低的农村牧区，可以采取放映电影、进行乌兰牧骑文化宣传等易于接受的方式，对节水文化进行宣传。

三、内蒙古自治区水资源管理

内蒙古自治区幅员辽阔，横跨东北、华北、西北地区，降水总量并不丰富且时空变化剧烈，季节性缺水问题长期存在，水资源较为缺乏，这阻碍了当地社会、经济的发展。现阶段对水资源利用产生影响的因素主要体现在两方面：一是气候变化，二是人类活动。在人类活动这一层面，政府部门的作用十分重要。政府部门应对水资源管理高度重视，不断更新管理理念，提高各机构的管理水平，使水资源供应满足当地社会、经济发展的需求。

（一）内蒙古自治区水资源管理基本情况

1.内蒙古自治区水资源管理机构

根据我国国情和水资源的流动性及多功能性等特点，国家对水资源实行统一管理与分级、分部门管理相结合的管理体制。按照《中华人民共和国水法》规定，水行政主管部门负责水资源的统一管理工作，主要行使法律、行政法规规定的水资源管理和监督职责，其他有关部门按照规定的职责分工，协同水行政主管部门，负责有关的水资源管理工作。根据国家对水资源管理所发布的相关规定，内蒙古自治区的水资源管理机构主要由以下部门构成。

（1）水资源管理部门。根据国家对水资源管理所实行的统一管理与分级管理、分部门管理相结合的体制，内蒙古自治区水资源管理的主管部门是内蒙古自治区水利厅，属于省级水资源管理部门，内设机构主要包括水利工程建设处、水土保持处、农牧水利处、水资源管理处、运行管理监督处、水政处、河湖管理处、水旱灾害防御处等，负责内蒙古自治区水资源的统一调配、开发、保护等一切事宜。同时，水利厅还有内蒙古自治区水旱灾害防御技术中心、内蒙古自治区红山水库管理中心、内蒙古自治区黄河镫口灌区管理中心、内蒙古自治区黄河三盛公水利枢纽管理中心等相关事业单位，负责内蒙古水资源管理的相关事宜。

除了自治区水利厅外，还有各个盟市、旗（县）水利局作为各级地方政府的水行政主管部门，接受水利部和自治区水利厅的行业管理和技术指导，具体落实水利部、自治区水利厅对辖区内水资源的管理的各项措施。内蒙古各盟市、旗（县）两级水利局是下级水行政主管部门，其内设机构和直属单位整体按照水利厅进行设置，并按具体情况进行调整。

（2）水资源管理考核机构。最严格水资源管理考核，由水利部牵头，会同发展改革委、工业和信息化部、财政部、国土资源部、生态环境部等部委组成考核工作组，负责具体组织实施。内蒙古政府组建了由自治区水利厅牵头，相关部门参与的考核领导小组，贯彻各项水资源管理目标任务，接受上级的考核检验，对自治区各盟市最严格水资源管理制度的实施开展年度考核工作，并将其纳入目标责任考核评价体系。

（3）公众参与水资源管理的门户渠道。为实现对水资源的全面管理，近年来内蒙古政府对公众参与水资源管理的方式进行了一些探索，开通了水资源门户网站。通过水资源官方网站，人们可快速获取水资源相关的各种政策信息、水资源管理情况、排污情况等，提升了内蒙古政府的公信力。同时，内蒙古政府逐步开始采取公众参与听证的方法参与制定水资源重大事项的决策。

2. 内蒙古自治区政府水资源管理方法

内蒙古自治区政府为了调节水资源消耗量，发挥政府在水资源管理中的主导作用，对水资源实施了科学管理，具体包括法律手段、行政手段和市场手段等管理手段。

（1）法律手段。根据各级改革方案不同，自治区各盟市主要由水行政主管部门下设的水政监察机构进行执法，旗县是由政府成立的综合执法机构进行执法。执法部门运用现场检查、翻阅资料等形式对用水单位进行执法检查，重点检查是否存在无证取水、超计划取水、批用不符、违规排放、偷税漏税及弄虚作假等行为，发现疑似违法行为后，执法部门将按照法律法规责令其停止违规取水、限期办理手续，并执行罚款、拆除违规设施等处罚措施，将拒不履责或构成犯罪的单位移交司法或公安机关。通过高强度的执法，全区水资源合法合理利用环境明显改善。

（2）行政手段。内蒙古自治区政府使用行政手段加强对水资源的管理，严格执行取水许可制度并严格核发取水许可证，使用行政管理手段使水资源条件与经济布局相适应，进而实现水资源承载能力与经济规模的互相协调，进一步发挥水资源在区域发展、相关规划和项目建设布局中的刚性约束作用，来满足合理用水的需求，落实最严格水资源管理制度和"放管服"改革的要求。水行政主管部门通过开展水资源论证审查、行政审批、核发许可证等手段，来对用水户进行规范，对于不合法合规的取水户，将吊销许可证或者加倍征费。经过核发取水许可证、完善行政管理，政府在一定程度上加强了在水资源管理方面依法行政的力度，为取水许可制度的有效实施和水资源的科学管理提供了支持，减少了用水的矛盾纠纷，维护了内蒙古自治区的秩序稳定。

（3）市场手段。内蒙古自治区积极探寻规范市场手段和盘活水资源开发利用的方式，主要是为了开展水权交易，使水权成为一种具有市场价值的流动性资源，利用市场机制，引导水权人做到节约用水、节省成本，将空闲水指标转给需水的人，可以达到节约、互惠、共赢的目的。

3. 内蒙古自治区水资源管理的措施

内蒙古自治区政府为了推进自治区水资源管理，采取了一系列措施，这些措施具体包括以下几方面。

（1）强化行政考核。为了严格执行最严格的水资源管理制度，加强各级别和相关部门的水资源管理能力，内蒙古自治区政府根据行政区划建立了水资源管理的考核指标体系，并完善了考核组织机构。自2013年开始，自治区政府将"三条红线"指标纳入水资源管理考核体系，并将结果用于评估涉及水资源管理的领导干部的绩效。考核后，考核结果会在各盟市公布，并要求各级水资源管理单位对存在的管理问题及时进行整改。通过这种多元化、强化的考核和严格的治水措施，内蒙古自治区的水资源管理能力得到了显著提高。

（2）推进节水型社会建设。内蒙古自治区政府针对其独特的水资源状况，全力推动节水型社会的构建。通过在各行业实行节水工程改革，政府正在推动节水措施的实施。在工业领域，企业被鼓励采用节水技术，政府还对节水型企业给予奖励；在农业领域，自2017年起，政府开启了农业节水灌溉工程，大规模推广高效灌溉方式（如滴灌）；在居民生活方面，政府通过推广节水设备和实行阶梯水价制度来减少用水浪费。同时，积极开展节水宣传活动，以营造节水的社会氛围。

（3）大力推行河湖长制。内蒙古自治区积极推进河湖长制的落实，构建了省、市、县、乡四级河长、湖长体系，依法依规落实地方主体责任，整合各方力量，推动水资源保护、水域岸线管理、水污染防治、水环境治理等工作的有序进行。内蒙古自治区制订了相关的河湖长制工作要点和三年工作方案，把河湖长制纳入了自治区党委对各盟市党政领导干部的考核内容，起草了《内蒙古自治区河湖管理条例》和《内蒙古自治区河长湖长巡河巡湖暂行办法》。这些措施的实施，使河湖在资源、生态、环境、文化等各方面的作用得到了很好的发挥，增强了人民群众的安全感、获得感、幸福感。

（二）完善内蒙古自治区水资源管理对策

1. 增加资金投入完善基础设施

由于内蒙古自治区的特点，建议对电力和网络设施完备的地区，增加资金支持，提升水资源在线监测系统的运行效果，推行先进的计量设备（如电磁流量计和超声波流量计），同时对农牧民提供补贴，激励他们安装和使用这些设备。对于欠缺设备的地区，应提升传统测量设施的覆盖率，与电力部门合作实施"以电折水"策略来计算用水量，同时加强农牧民教育，使他们形成良好的用水习惯。此外，重点提升基础设施，以实现自动化测量设备的普及，并让水资源管理部门可以获取实时准确的数据。在建立了水资源在线监测系统的地区，借助大数据平台实现数据共享，从而提高水资源管理的科学性、实时性和精准性。

2. 健全非常规水开发利用促进机制

（1）健全相关管理和经济政策。按照水利事业改革发展方向，结合落实《国家节水行动方案》，加大投入，将污水处理和再生水利用设施建设作为基础设施建设的优先领域。通过加大政府直接投资，争取国内外金融机构的扶持，不断扩大和丰富污水处理和再生水利用设施的投资规模和方式。通过政府贴息、偿还资本金、发行企业债券和提高运营补贴等方式，提高国有运营企业融资能力。通过PPP等项目融资模式，吸引社会资本直接投资污水处理和再生水等非常规水源利用设施建设，鼓励开展契合内蒙古自治区煤炭企业众多这一特点的煤电一体化循环产业链条建设，以充分利用煤矿企业宝贵的矿井疏干水资源。

为了进一步加大再生水回用力度，建议制定非常规水源使用、管理实施细则，对于应该并且有条件使用非常规水源的用户提出明确要求。

研究制定促进非常规水源开发利用工作的相关财政、税收、产业以及扶持等政策。例如，对于煤矿开采区附近的化工、发电等高耗水企业，可以研究给予它们开发利用矿井疏干水的税收优惠等政策措施，鼓励其在扩建或新建项目中使用的生产用水优先为矿井疏干水，再如研究解决煤矿企业矿井疏干水排污多头收费、过多收费等问题。

（2）推进水价改革与水权市场的建设。积极而审慎地推动水价全面改革、水权制度的建立以及水市场的构建等，鼓励对再生水和矿井排水的开发利用，形成适应不同水源、不同水质的合理价格机制。进一步推动水权交易，政府应主要扮演监管者的角色，为再生水和矿井排水资源服务创建规模经济效益和竞争环境，并严格执行法律，加强监督。

3. 完善水资源管理的公众参与机制

推动公众更多地参与水资源管理，需要设立明确的参与渠道，完善相关机制，并详细规定公众参与的范围、路径、方法和程序。提升公众参与水资源管理意识是重要的一环，结合河湖长制的执行，政府需要充分利用现代信息技术，鼓励公众以咨询、评议、听证等多种方式参与到流域水资源管理和水污染防治决策中，共同推动构建节水型社会。

（1）落实民主决策原则。在内蒙古水资源管理体制的构建过程中，政府需要以民主决策为导向，赋予相关利益主体和管理个体一定的行政执法权，并设置科学的程序以确保权力的实施。这样做可以使决策更加科学、公正。民主决策原则能有效地推动相关部门在管理过程中完善其民主职能。这是因为，一方面，民主决策代表了各方力量的聚合；另一方面，采用民主决策原则的水资源管理，有利于兼顾不同利益相关方的利益，通过不同主体间的制约和博弈，最终实现民主治理。

（2）构建法律保障机制。公众参与指个体、集团等非政府机构参与政府公共决策过程。在水资源管理中，公众的参与可以提升管理效能。然而，公众参与度不足是内蒙古自治区水资源管理面临的问题之一，因此，应将增加公众参与视为水资源管理的发展方向。具体实施上，可以试行试点方式，引导水用户参与水管理；也可以学习先进国家的经验，如法国的"三三制"模式，以促进公众广泛参与水资源管理。公众参与能鼓励更多利益相关方参与水资源管理，帮助决策者制定更优的发展策略，增强管理的科学性，减小决策风险，同时推动社会的民主进程，形成民主管理模式。此外，提升企业在并购中的逆向技术溢出效应，增强技术获取和实际吸收能力也是不断提高企业个体获取逆向技术溢出实际水平的重要方式。

落实公众监督权。为了建立法律保障机制并获得更多公众支持，政府需要不断激励公众监督政府的公共管理行为，鼓励公众监督，对部分公众，特别是某些有能力的人，加大支持，以获取更多的人力资源保障水资源管理。实施公众监督权需要明确公众行使监督权的途径和方法，并尽可能简化程序。为防止公众在执行监督权时遭受迫害，需要详细且准确地规定公众权利保护措施，以确保公众监督权的实施并为其行使公民权利创造更好的条件。

明确公众参与决策权。目前，内蒙古自治区的公众参与机制主要集中在对相关水管理机构和公众人员管理行为的监督上，但在关键决策问题上，公众的参与还未能发挥其应有的作用。同时，需要注意，目前我国公众提出的意见并不能对水资源管理的重大决策产生实质性影响，这些意见更多只是被作为参考。内蒙古自治区可以改变传统的决策方式，赋予公众一定的决策权，并对公众参与决策的路径和范围作出明确规定。对于如何建立这种制度，人们可以参考法国的经验，将所有与水资源管理相关的利益相关方纳入水资源管理机构，包括地方政府、工业用水者、社会学者、环保学者、当地居民等，并以法规形式明确各方的职责和权利。这不仅能确保各方的利益均能得到考虑，而且能提高政府的水资源管理水平，促进技术和管理决策的创新。

保证公众知情权。保护公众的知情权可以为其参与水资源管理提供科学和真实的基础，从而大幅提高公众参与水资源管理的积极性和有效性。公众通常在环境质量、环境发展和保护规划等方面建言，参与环境管理，因此，建立信息公开制度至关重要。首先，政府需要确保公众享有知情权，以提高其对参与水资源公共管理的信心。另外，政府也应着力完善信息公开制度，不断提高水资源管理部门的工作效率，增强对公众知情权的保护力度，从而为确保公众的知情权创造良好的社会环境。

（3）强化公众参与的教育与宣传。公众参与机制对水资源管理和相关政策制定具有显著影响。因此，建议内蒙古自治区学习借鉴国外的成功实践，通过地方性教育系统对公众参与水资源管理进行广泛宣传。这样做旨在增强公众积极参与公共管理的积极性，特别是水资源管理的意愿，并提高他们的责任感。通过教育宣传和培训，政府可以有效提升公众的权益意识和法律意识，让他们了解自己参与公共管理的权利，并积极在水资源管理中提出建议并进行监督，同时维护自己的合法权益。政府还可以将内蒙古自治区水资源管理的相关法律、规定和知识汇编成册，分发到各行政事业单位、学校、社区、企业和乡村社区，供当地居民阅读。此外，还可以在当地广场举行公众参与水资源管理的法律宣传活动，通过电视台、新媒体等方式播放有关公众参与水资源管理的节目，或通过网络让全社会提高对水资源管理的认识，进而在不知不觉中提升当地民众的环保意识，建立持久的公众参与机制。

为当地水资源管理机构提供关于公众参与的培训，可以刷新人们的管理观念。传统上，管理被视为由政府机构主导，这些机构拥有决策权和执行权，而公众无法监督其工作。随着时代的发展和国际化进程的加速，水资源管理的理念也需要变化，即允许利益相关方获取信息，参与决策计划和方案的制订，并对其进行监督。尽管水资源行政管理机构仍然是水资源管理的核心，但在制订决策方案时也需要考虑公众的观点。这将激励水资源行政管理部门，提高工作积极性，主动提升业务水平，促进他们与专家和民间技术人员的交流和学习，有助于他们及时且有效地处理工作中的问题。因此，公众参与不仅可以提升水资源行政管理部门的工作能力并推动管理工作实施落地，还可以促进公众和员工之间的积极互动，提高公众对参与水资源管理的积极性。

4.明确责任主体协同高效管理

（1）明确职责并建立联动机制。建议内蒙古自治区政府根据"三条红线"准则，根据各个水资源管理部门的功能和职责，将水资源管理工作明确划分给各个部门，并要求各个部门之间互相配合，以确保各项水资源保护、监督等管理措施能够在各个部门的工作环节中得到实施。同时，内蒙古自治区政府还需要建立相关的管理责任制度，在水资源主管部门的统一领导下，明确关于水资源开发、保护等的主要责任。特别是在当前优化营商环境的高标准要求背景下，更应建立一个客观、科学和有效的协同机制。

澳大利亚的水资源质量管理由来自3个不同领域的部门——水行政管理、环保和卫生部门——共同负责。这种多方位的管理方式能够利用行政手段来抑制水环境的恶化。内蒙古自治区可以借鉴这种方法，明确地分配水行政管理、生态环境和卫生部门在水资源质量管理上的责任，并重视建立联动机制以增强部门之间的配合，确保水资源的开发、利用、节约和保护工作能得到有效的落实。同时，由于内蒙古自治区的水资源分布不均，东部比西部水资源丰富，从东北向西南递减，可以采取差异化的管理策略。同时，依照《黄河流域生态保护和高质量发展规划纲要》的指导，以水资源为最大的约束因素，坚持以水定城、以水定地、以水定人、以水定产的原则，合理规划人口、城市和产业发展，坚决迈向绿色、可持续的高质量发展道路。

（2）强化水资源专业监管人员配置。建议内蒙古自治区政府强化水资源管理的人员结构。要加强一线工作人员的队伍的建设，通过增加或调整编制数量，或者聘用社会劳动力来解决人员短缺问题。通过积极吸引来自大学和科研院所的相关专业人才，着重提升高端水资源专业监管人员的配置水平。加强对水资源监管人员的培训，积极向国内外先进的水资源管理区域或国家学习并进行交流，吸纳其先进的管理经验，并将之应用于水资源监管工作，特别是农牧区的水资源管理，从而为水资源的科学管理提供坚实的人才和人力支持。

第二节　污水处理实践案例分析

一、油气田含油废水综合处理

（一）含油废水的来源

含油废水主要源于石油和石化行业的多个环节。原油开采时抽出的原油常常掺有地下水，经过油水分离后就形成了含油废水。石油炼制过程中，用于清洗和冷却的水会与石油接触，这也会形成含油废水。石化产品（如塑料、化肥、橡胶等）的制造过程，同样会产生大量含油废水，而在油库和油站的运营过程中，清洗油罐、油管、油车等设备时产生的废水，也是含油废水。另外，油田注水采油过程中，部分注入油井的水会与石油混合后被排出，形成含油废水。某些污水处理厂处理来自家庭排出的污水、餐饮油脂和工业污水时，也可能产生含油废水。

石油开发过程中的主要污染源和污染物如图 6-1 所示。

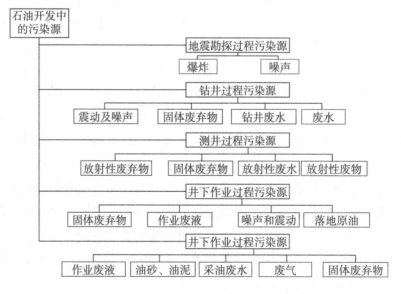

图 6-1　石油开发过程的主要污染源和污染物

1. 钻井过程中产生的废水

钻井是一个技术密集的过程，人们使用特定的工具和技术将钻头推入地层，并通过旋转钻杆来破碎井底的岩石，形成一个大孔。但是，这个过程并非无害，它会占据土地，破坏表层植被，并排放出废钻井液、冲洗水、各种滴漏的废液以及油料等污染物。这些污染物主要来自钻井设备和钻井作业现场，包括大量的固体废弃物、废水、废弃泥浆、岩屑以及噪声等，这些都会对环境构成一定的压力和威胁。

钻井废水含有的有机处理剂会导致水体的 BOD 和 COD 升高，从而影响水生生物的繁衍和生长。同时，氢氧化钠、碳酸钙、氢氧化钾、氯化钠等盐和碱会改变地下或地表水的 pH。在石油开采行业，据统计，钻取一口深度约 3000 m 的钻井，会平均产生约 900 m^3 的钻井废水，240 m^3 的泥浆以及 360 m^3 的岩屑。

2. 测井过程中的主要污染源与污染物

测井过程中的污染主要来自使用的化学试剂和废水排放。这些试剂可能包含有毒有害物质，如果未经处理直接排放，可能会对环境造成污染。同时，测井过程中会产生大量的废水，其中可能包含油脂、重金属等污染物，如果未经处理直接排放，也会对水体环境造成严重污染。

3. 井下作业过程中的废水

井下作业过程中的废水主要包括含油废水、化学处理剂废水、冲洗水等。其中，含油废水主要来自石油开采过程，化学处理剂废水则来自使用的各种添加剂，如防腐剂、杀菌剂等，这些添加剂在作业过程中可能会被排放到环境中。冲洗水则是在设备清洗、冷却等过程中产生的废水。这些废水中含有重金属等有毒有害物质，如果未经处理直接排放，可能对环境造成严重污染。

4. 采油、集输过程中的废水

采油废水是伴随石油和天然气从地层中被提取出来产生的，并通过沉降和电化学脱水等过程进行分离，主要在联合站、伴生气处理站和废水处理站进行排放。这种废水主要含有石油、挥发性酚、硫化物等污染物，具有高矿化度。为防止水源腐蚀管道和结垢，同时为便于油水分离，其中还添加了大量化学药剂，这使采油废水的成分变得更加复杂。

（1）油和水的密度差异较小，这使油的上浮过程十分困难，并使油水分离不易实现。在某些油田中，石油的相对密度可以达到0.9884，这与污水的密度相差极小。

（2）废水中含有大量的悬浮物，这些悬浮物固体含量高且颗粒直径小，难以通过沉淀进行分离。这些悬浮物主要包括1～100 μm大小的各种粒度的泥沙，如0.05～4 μm的黏土，4～60 μm的粉砂和50 μm以上的细砂。此外，废水还包含了各种腐蚀性物质如氧化铁、氧化镁、硫化亚铁等。

5.其他废水

（1）突发事故，如井喷、管线泄漏和钻井事故，都可能污染地下水和地表水。例如，井喷会使大量泥浆和原油喷涌出来，影响地表水，而管线泄漏可能导致大量原油溢出，从而影响地下水。

（2）空压机在工作过程中，设备上的润滑油会被压缩空气带入中冷器、后冷器和储气罐，再与空气冷凝水一起通过排泄阀排出，形成含油废水。这种废水并非因用水而形成，而是由高温压缩空气在冷却过程中产生的冷凝水与部分润滑油混合形成的。在活塞式空压机中，润滑油与空气直接接触，空气冷凝水中必然会混入部分润滑油，这部分润滑油就是空压机含油废水中油分的来源。

（3）船舶产生的含油污水。船舶产生的污水主要由生活污水和含油污水组成。油轮的机舱废油水、压载水、洗舱水中都含有大量石油。这些污水中常见的污染物有燃料、油、液压流体、清洁剂、含水膜、防火泡沫液、油漆，以及溶剂等。

船舶含油污水的特点如下。①船舶含油污水中，仅油以及一些固体杂质和悬浮物的含量超过了国家设定的污水排放标准，而其他有毒有害物质的含量均未超出规定限度。②在船舶的含油污水中，油主要以浮油和分散油的形式存在，并不包含有表面活性剂的乳化油。③在船舶的含油污水中，经测定发现，粒径小于 10 μm 的分散油滴大约占总油浓度的 15%。

（二）含油废水的成分与危害

含油废水主要来源是石油开采、炼油、化工、钻井、船舶等行业，其中的主要污染物是石油类物质，包括原油、柴油、石脑油、润滑油、沥青等。这些物质在含油废水中形态各异，有的以自由状态存在，有的形成悬浮物，有的则以乳化状态分散在水中。此外，含油废水中还常常含有沉淀物、挥发性有机物、硫化物、酚类、氨氮等多种有害物质。

含油废水的污染危害非常严重。石油类物质入水后，会形成一层油膜，阻断水面的气体交换，使水体中的溶解氧急剧减少，严重破坏水生生物的生存环境。同时，石油类物质还会附着在鱼类、贝类等水生生物的体表，影响其正常生理活动，甚至导致死亡。含油废水中的硫化物、酚类、氨氮等物质，都有较强的毒性，能够危害人体健康。这些物质还可能通过食物链进行传递，对生态环境造成更深远的影响。

（三）污染源分析

（1）原油罐脱水。洛阳分公司的两个原油罐区，共有 10 个容量为 5×10^4 m³ 的原油罐。这些罐全都通过手动方式进行脱水，年脱水量约为 2×10^4 t。若脱水不彻底，带水的原油会影响下游的常压电脱盐装置。然而，由于罐的容量大，罐底的水量小，人工脱水的准确性难以保证。因此，原油脱水中产生的废水油含量高，范围为 1000 ～ 5000 mg/L，给下游污水处理厂的运营带来了巨大的压力。

（2）电脱盐切水。电脱盐设备的工作原理是将破乳剂和水添加到原油中，然后将混合物加热至 105 ～ 149 ℃，并在电脱盐罐内通过高压电场作用使水凝结并沉降分离，随后将盐和有害物质随水排出，从而减少对加工设备的腐蚀并除去杂质。然而，由于电脱盐罐油水分离不完全，因此切水中产生的废水油含量较大，石油类物质浓度在 500 ～ 20000 mg/L 之间。这部分含盐污水的流量大约为 90 t/h，这种污水直接排入炼油污水处理厂，不仅浪费了油资源，还给污水处理厂带来了冲击。

（3）高浓度碱渣酸性水冲击污水厂。为了确保汽油和液化气产品的质量，通常需要对其进行碱洗，以降低硫含量。然而，碱洗产生的碱渣含有高浓度的污染物，包括有机污染物、酚、氨氮和硫化物。为了降低污染物含量并减少臭气，石化企业主要厂区通常采用湿式氧化处理和酸化中和后排入炼油污水处理厂。然而，这样处理后产生的酸性水每年约1250 t，仍含有高浓度的有机污染物、酚、氨氮和硫化物。以 0.5 t/h 的流量排入污水厂的这些高浓度污染酸性水，会对污水处理厂构成冲击，对设备造成严重的腐蚀。处理这种废水是石化行业面临的一大环保难题。

（4）污水汽提净化水回用率低。在石油精炼过程中，常压降、催化、氢化、重整、焦化等环节产生的油品和冷凝分离水、洗涤水被统称为含硫污水。这种污水含有大量的硫和氨等污染物。预处理过程中，污水的硫元素以硫化氢的形式被提取，然后送入硫回收装置被制成硫黄产品。同时，污水中的氨气被冷凝，进一步生产出液氨和氨水产品。最后，经过处理的低浓度污水被称作净化水。

（5）高浓度汽油脱硫醇水洗水直排污水厂。汽油脱硫醇水洗水通常没有预处理，就会被全部直接排入炼油污水厂，该高浓度污水的排放量约为 3～5 m³/h，水量虽小，但水质极差，主要污染物浓度如下。有机污染物为 2000～7000 mg/L，酚为 1000～3000 mg/L，氨氮为 30～70 mg/L，硫化物为 0.3～1 mg/L，pH 为 9～12，对污水处理影响很大。

（6）氨吸收罐高浓度含氨污水直排污水厂。氨吸收罐是一种水循环吸收设备，用于减少液氨储备罐释放的氨气对环境的污染。每隔约半个月，罐内的氨水达到一次饱和状态，需要进行排出和置换。由于排出的污水含氨量非常高且易挥发，因此污水会产生刺鼻的气味，污染周围空气，影响工作人员的健康，并导致污水处理厂入口的氨氮浓度急剧升高。在氨吸收罐排水期间，污水处理厂入口的氨氮浓度短时间内甚至可以达到 800 mg/L，这会带来一定的氨氮排放超标风险。

（7）电脱盐切水温度高。电脱盐切水的初始温度为 100 ℃，通过空气冷却和水冷却换热器降温后，通过约 100 m 的地下污水管道进入炼油污水处理厂。但是，由于设计问题，部分切水无法通过水冷却，导致总排放温度达到 60 ℃。切水的总量超过了污水总量的 30%，这导致夏季污水的总进口温度升到 50 ℃ 以上。即使经过均质化、油分离、浮选处理，进入生物化学系统的水温仍然高达 45 ℃。这种高温会对生化微生物造成致命伤害，因此必须降低污水温度。

（四）油在水中的状态

油污染作为一种常见的污染，对环境危害极大。油在水中以 4 种状态存在：浮油、分散油、乳化油、溶解油。

浮油：以连续相漂浮于水面，形成油膜或油层。这种油的油滴粒径较大，一般大于 100 μm。

分散油：以微小油滴悬浮于水中，不稳定，经静置一定时间后往往变成浮油，其油滴粒径为 10 ～ 100 μm。

乳化油：水中往往含有表面活性剂使油成为稳定的乳化液，这种乳化液油滴粒径极微小，一般小于 10 μm，大部分为 0.1 ～ 2 μm。

溶解油：一种以化学方式溶解的微粒分散油，油粒直径比乳化油还要细，有时可小到几纳米。

（五）油的处理方法

1.乳化油破乳方法

水中微细的油珠会形成水油乳化液。由于油珠表面带有电荷的界膜并存在双电层，油珠相互排斥，难以接近。为使油水分离，需要先破坏油珠的界膜，使油珠相互聚集成大滴油珠，从而使其浮于水面，这过程被称为破乳。

常用的破乳方法有高压电场法、药剂法、离心法、超滤法等。

（1）高压电场法。高压电场法利用电场力使乳液颗粒相互碰撞，破坏水化膜和双电层结构，使微细油粒聚结成较大的油粒浮于水面，实现油水分层。高压电可采用不同类型的电源，如交流、直流或脉冲电源。

（2）药剂法。药剂破乳法是通过向废水中添加破乳剂，破坏油珠的水化膜和压缩双电层，使油珠聚集并与水分离的方法。药剂破乳方法包括盐析法、凝聚法、酸化法和盐析—凝聚混合法等。

盐析法：盐析法是指向废水中投加盐类电解质，破坏油珠水化膜的方法。常用的电解质有氯化钙、氯化镁、氯化钠、硫酸钙、硫酸镁等。

凝聚法：凝聚法是指向废水中投加絮凝剂，利用絮凝物质的架桥作用，使微粒油珠结合成为聚合体的方法。常用的絮凝剂有明矾、聚合氯化铝、活化硅酸、聚丙烯酰胺、硫酸亚铁、三氯化铁、镁矾土等。研究表明，当 pH 为 8～9 时，用明矾处理溶解油是有效的，而 pH 为 8～10 时，可采用硫酸亚铁。

酸化法：酸化法是通过向废水中添加硫酸、盐酸、醋酸或环烷酸等物质，破坏乳化液油珠的界膜，使脂肪酸皂转变为脂肪酸并分离出来的方法。该方法降低了废水的 pH，因此在油水分离后需要使用碱剂来调节 pH，以使其符合排放标准。

盐析—凝聚混合法：盐析—凝聚混合法是通过向废水中添加盐类电解质，以初步破乳，并进一步加入凝聚剂使油粒凝聚分离的方法。

（3）离心法。离心法是指借助离心机械所产生的离心力，将油水分离。离心机有卧式和立式两种，在离心力的作用下，水相从离心机的外层排出，油相从离心机的中部排出。

（4）超滤法。超滤法是一种物理破乳方法，指使用超滤膜过滤器，利用膜孔径小于油珠的特性，只允许水分子通过，而将大于膜孔径的油粒截留，从而实现乳化油水分离的方法。

2. 含油废水的处理方法

乳化液经过破乳处理后，需要进行进一步的处理。处理方法包括物理方法、电化学方法以及联合处理方法。这些方法涉及多种不同的处理设备。部分方法在第四章介绍污水处理方法的时候已经做过介绍，此部分简略说明。

物理方法包括以下几种。

（1）重力法。重力法是一种利用油水密度差进行分离的方法，适用于去除水中的浮油。隔油池是最常用的重力分离设备，它利用油比水轻的特性，使油分离并集中在水面上，然后对其进行撇除。

隔油池的形式主要有以下 3 种。

平流式隔油池。这种隔油池的优点是构造简单、运行管理方便，除油效果稳定。然而，它的缺点是体积大、占地面积大，处理能力低，排泥困难。此外，排出的水仍可能含有乳化油和吸附在悬浮物上的油分，一般难以满足排放要求。

平板式隔油池。这种隔油池有很长的历史，是一种操作简便、除油效果稳定的设施。然而，它占地面积较大，且会受水流不均匀性的影响，处理效果较差。

斜板式油水分离装置。这种是根据"浅池原理"改进的平板式隔油池，通过倾斜放置平行板组（角度在 30°～ 40°），可显著提高除油效果。然而，该方法工程造价高，设备体积大，存在一些缺点。适用于浮油和分散油，具有稳定的除油效果和低运行费用，但需要较大的设备占地面积。

（2）浮选法。浮选法是让悬浮的油粒黏附在微小气泡上，上浮形成浮渣层，实现油水分离的方法。该方法具有处理量大、产生少量污泥和分离效率高等优点，在处理含油废水方面有巨大潜力。

溶气浮选法、叶轮浮选法和射流浮选法是目前最常用的浮选方法。溶气浮选法和叶轮浮选法存在停留时间长、设备制造和维修复杂、能耗高等缺点。相比之下，射流浮选法不仅能节省能耗，而且具有产生气泡更小、设备安装更方便、操作更安全等特点，因此在研究和应用方面具有良好的前景。

（3）絮凝法。常用絮凝剂分为无机高分子絮凝剂、有机高分子絮凝剂和复合絮凝剂。无机高分子絮凝剂（如聚合氯化铝、聚合硫酸铁）具有处理效果好、用量少、效率高的优点，但产生的絮渣多且后续絮渣不易被处理。有机高分子絮凝剂价格昂贵，难以被大规模应用，通常用作其他方法的助凝剂。

（4）吸附法。吸附法利用活性炭等亲油性材料吸附水中的油，适用于处理分散油、乳化油和溶解油。活性炭具有良好的吸油性能，但吸附容量有限（一般为 30～80 mg/L），价格昂贵且难以再生，通常用于低浓度含油废水的处理或深度处理。

（5）粗粒化法。粗粒化法（也称为聚结法）是使含油废水通过一种填有粗粒化材料的装置，使污水中的微细油珠聚结成大颗粒的方法，可以达到油水分离的目的。本法适用于预处理分散油和乳化油。粗粒化除油装置具有体积小、效率高、结构简单、无需加药、耗资少等优点。缺点是填料容易堵塞，因而降低除油效率。

电化学方法包括以下几种。

（1）电凝聚法。离子与水电离产生的 OH⁻（氢氧根负离子）结合生成的胶体，可以与水中的污染物颗粒发生凝聚作用，这就达到了分离净化的目的。同时在电解过程中，阳极表面产生的中间产物（如羟基自由基、原子态氧）对有机污染物也有一定的降解作用。

电凝聚法具有处理效果好、占地小、设备简单、操作方便等优点，但存在阳极金属消耗多、需大量盐类辅助药剂、能耗高、运行费用较高等缺点。需要人们进一步研究如何降低电极损耗和减少能耗。

（2）电气浮法。电气浮法利用电分解产生的微小气泡来除去污染物，具有除油和杀菌的作用。

（3）电磁法。电磁处理方法主要包括磁处理法、电子处理法、高频电磁场法、高压静电处理法。

电磁法的优点是不需要投加药剂，避免引入新污染物，并具有良好的消毒效果。然而，它的缺点是耗电量大且工艺尚未成熟，因此在含油废水处理中的应用较少。进一步完善电磁法工艺并解决能耗问题将给这一技术带来广阔的应用前景。

（4）电化学催化法。电催化氧化技术利用产生的氧化性羟基自由基与有机物发生加成、取代和电子转移等反应，降解和矿化污染物。该技术具有无二次污染和便于建立密闭循环等优点，因此在水处理领域备受关注。

高效电催化电极。高效电催化电极是电催化反应中关键的组成部分，具有催化活性高、导电性好、耐腐蚀和长寿命等特点。研究人员致力于寻找和研制电极材料，以降低处理成本并提高电解效率。

电化学反应器。电化学反应是在固液界面上发生的异相电子转移反应，其速率受到固液界面面积、电极电势以及反应物形态和浓度的影响。常见的电化学反应器包括平板式、圆柱式和圆盘式等多种形式，其中工作电极和辅助电极的形式也有不同。为提高污染物去除效率并减少对环境的危害，应积极探索电催化氧化技术与传统的化学法、物理化学法和生物法的结合。

此外还有生物法、膜分离法等，在这里不再进行介绍。

含油污水处理技术迅速发展，利用工业废弃物或改性后的除油剂进行处理的方式也已取得良好效果。未来的发展趋势是采用物理化学法，一些新兴的方法正在快速发展，主要有以下几种。

（1）高级氧化法。氧化工艺是处理有毒污染物要用到的技术，通过产生极强氧化性的羟基自由基反应，能有效地分解有机污染物并将之转化为无害物质。

（2）磁吸附分离法。磁吸附分离法利用磁性物质作为载体，通过油珠的磁化效应将含油废水中的油吸附在磁性颗粒上，并通过分离装置将磁性物质及吸附的油分离出来，实现油水分离。常用的磁性粉末包括磁铁矿和铁氧体。

（3）超声波分离法。超声波是一种机械波，通过机械振动作用和空化作用，可以让介质中的油和水发生凝聚、破乳和释气等变化，再通过振动作用，让小油滴和小水滴聚集成大的油滴和水滴。由于重力差异，大水滴下沉，油滴上浮，就实现了油水的破乳和分离。

（六）气浮法在高浓度含油废水处理中的具体工程实践

气浮法是一种常用的水处理浮选方法，利用微小气泡作为载体，让水中的杂质颗粒黏附在气泡上，使其比水密度小，然后上浮到水面并与水分离。

加压溶气气浮法：加压溶气气浮法是将废水加压溶气后进行气浮法水处理的工艺过程。其特点是将被处理污水（全部或部分）用水泵加压到 $3 \sim 4 \ kg/cm^2$，并将其送入专门的溶气罐，在罐内使空气充分溶于水中。然后这些污水在气浮池中经释放器突然进入常压环境，这时溶解于水中的过饱和空气就变成微细气泡从池中逸出，将水中悬浮物颗粒或油粒带到水面形成浮渣，以便后续进行排出处理。这种方法的处理效率可达 90% 以上，但耗电高。

某食品加工厂以生产经营冷冻烤鳗系列和水产品加工为主，生产过程产生的主要污染物包括蓄养过程中动物产生的排泄物及黏稠液；宰杀、清洗过程中排放的大量血水、油脂和部分碎肉屑、内脏等；烤制过程冷却及清洗设备用水也富含油脂、调味汁、碎肉等。该废水的含油量范围是 $450 \sim 4860mg/L$，水质随着生产工艺所用原料鱼油种类的不同而变化，且变化幅度大，其中还含有高浓度 COD_{Cr}、BOD 和阴离子洗涤剂。普通的处理方法无法承受如此高的负荷，因此，采用混凝＋加压溶气气浮法对该废水进行预处理，后续进入生化系统进一步处理达标后排放。该预处理系统出水油脂含量小于 70mg/L，可满足生化处理进水水质要求（见表 6-1）。

表 6-1　混凝＋加压溶气气浮法处理效果

污染因子	COD_{Cr}	BOD_5	油脂	NH_3-N	SS	pH
进水平均浓度（mg/L）	76000	19860	2655	19.8	6590	10.08
出水浓度（mg/L）	1180	364	63.2	3.15	280	5.5
去除率（%）	98.45	98.17	97.62	84.09	95.75	—

注：以聚合氯化铝为混凝剂，pH 为 5.5，加药量为 90mg/L（该工作条件由最佳反应条件实验测得）。

多年实践运行表明，该预处理系统的油脂去除率较高、处理效果稳定可靠、抗冲击负荷能力强、效能高，其溶气释放器采用了专利抗堵设计，大大改善了系统的堵塞状况。

同时该系统对 COD_{Cr}、BOD、SS 和阴离子洗涤剂也均有较好的去除效果，保证了后续生化处理工艺的正常运行，使出水达标排放。

二、煤矿、食物加工、景观等方面的污水处理循环利用案例

（一）王家山煤矿矿井废污水处理与回用

新建的王家山煤矿废污水处理站采用创新的高负荷一体净化技术，对传统多步骤的处理过程进行了集成，进一步提高了废水处理效率和质量。这项技术的具体内容如下。首先，让矿井废污水通过主排水泵排至地面，再通过地面的排水管路和水沟流入调节池。调节池内装有一台潜水曝气机和一台潜水泵。潜水曝气机在池底搅拌积淀的污泥，经过充分搅拌后，潜水泵将其提升至闪速混合器，并与混凝剂进行混合。然后，废污水进入一体化净化器进行处理。在净化器内，废污水先进入高效沉淀澄清池进行沉淀，沉淀后的水流进入重力式无阀滤池进行过滤，再通过涡流沉淀过滤器进行二次过滤，确保水质达标。出水后，水流进入清水池，经过检测后，如果水质达标则可以排放，如果水质不合格则继续上述处理过程，直到达到标准。这一高负荷一体净化技术有效提高了矿井废污水的处理效率和质量，对保护环境和节约水资源都起到了重要作用。

王家山煤矿高负荷一体净化水系统自投入使用以来，运行稳定，净水效率高，年新鲜水用量减少 99 万 m³，可节约大量水资源，直接经济效益为每年 122 亿元，提升了矿井废污水的回收利用率。

（二）徐庄煤矿废水资源化工程

徐庄煤矿废水排放量约 9500 m³/d，主要由两部分构成。一是伴随煤矿开采面排放的矿井水，排放量约 4500 m³/d，矿井水中主要含有煤屑、岩粉和黏土等细小颗粒物；二是来自生活区、浴室、工业广场及食堂等的生活污水，排放量约 5000 m³/d，其主要特点是排水较集中，污水

水质、水量变化较大，主要污染物为有机物和少量无机物，同时，含有各种细菌、病毒等。根据徐庄煤矿矿井水水质特点及处理后的用途，矿井水采用混凝沉淀、过滤及杀菌水处理工艺。针对矿区的两种污水来源，工程分别采用矿井水深度处理工艺和生活污水深度处理工艺，把废水治理与资源化利用有机结合起来，做到了抓源治本，有的放矢地分类治理综合处置，使矿区废水得以循环利用，并采用新工艺、新技术，大胆创新，经济合理，流程简单实用。同时，根据再生水用户对水质的不同要求，选择合理的废水处理工艺，实现了废水的经济处理和经济运行。为消除污染，徐庄煤矿根据不同的用水对象，采取不同的供水方案，将生活污水处理后作为电厂循环冷却用水水源，实现了废水资源化。

（三）玉米淀粉废水处理

河北省的一家淀粉厂，每天都会因玉米淀粉的加工过程而产生大量废水，这些废水主要来自洗涤、压滤和浓缩环节。废水中富含各种溶解性有机污染物，包括蛋白质、糖类碳水化合物、脂肪和氨基酸等，同时含有氮、磷等营养元素，以及一定量的挥发酸和灰分。这种废水因其有机污染物含量较高的特点和良好的可生化性，有较大的处理难度。为了有效处理这些废水，该厂对废水处理工艺进行了改进。改造前，玉米浸泡产生的废水外运，其他废水经过处理后达到二级排放标准。根据厂内实际情况和要求，现在厂家采用了离子交换法从玉米淀粉浸泡水中提取菲汀。这个过程中产生的废水可以被回收用于制备纤维饲料。剩余的废水与其他工艺产生的废水合并，然后采用"絮凝—厌氧—好氧"工艺进行处理。经过这种工艺处理后，废水能达到《污水综合排放标准》（GB 8978—1996）一级排放标准，大大提高了废水的处理效率和环保水平。

在改良的处理过程中，玉米浸泡废水通过离子交换柱处理后进入回收池，并被泵送到饲料制造车间。离子交换柱在运行约 6 h 后，当其内部有机磷含量超过 70% 时，停止进水，用预配的盐酸溶液进行有机磷洗脱。洗脱约 1 h 后，当有机磷含量低于 2% 时，停止洗脱，并用四倍于离子交换柱体积的自来水浸泡 4 h，然后用清水冲洗 30 min，以使离子交换树脂再生。再生后的离子交换柱可重新参与生产。该工艺充分利用了玉米浸泡废水中的资源，实现了资源化回用，并在过程中制出饲料，减少了废水排放，也节约了企业成本。

（四）柳川河污水综合治理

柳川河是河北省张家口市宣化区的一条主要河流，是洋河的一条支流。该河流全长 60.2 km，流域面积 428.2 km²，平均坡度为 6.4‰。河流自北向南流入宣化区，之后绕城西转，向南汇入洋河。从上游到下游，河道被划分为三期河道、一期河道和二期河道。柳川河是一条季节性河流，主要在每年的 6 月至 9 月之间有径流，且洪水次数一般为每年 2 ~ 3 次。洪水特点是行洪时间短、洪峰流量大。

羊坊污水处理厂位于宣化区东南部，其设计规模为每日处理 12 万 t 污水，长期目标则为 18 万 t。目前，该厂每日产生约 10 万 t 再生水。经过工艺改造，出水水质已达到一级 A 标准，但再生水的利用程度仍然有限，仅部分被热电厂用于冷却，余下的则直接排入洋河，这意味着再生水的开发和利用还有很大的空间。

柳川河综合治理工程的一项重要措施是将羊坊污水处理厂处理后的再生水引入柳川河，从而逐步实现水环境的修复和景观的重塑。工程选择了串联分区模式来输送再生水，并在输水管道上预设了取水口，以便为城市绿地灌溉、道路清洗和洗车等提供水源。工程还充分利用了地形优势，设计了加压泵站，以降低后期运行成本。

（五）城市污水回用水上公园景观工程

太原市的污水回用于汾河水上公园景观水体工程，是一个将城市污水处理厂深度处理后的尾水作为再生水用于汾河水上公园用水的项目。该项目还为汾河水上公园的水系设定了水质保持措施，以防水华现象的发生。工程的工艺流程如图 6-2 所示。从污水处理厂排放的尾水经管道被输送到一级水平潜流人工湿地。这里采用沸石、砾石等作为填料，并种植了多种脱氮植物，以进一步去除尾水中的有机化合物和含氮化合物。

然后，一级潜流湿地出水进入二级湿地。这里有钢渣、砾石等填料，可以去除尾水中的含磷化合物和其他微量悬浮物。当处理达到预设的排放指标后，尾水进入多水源调度系统的再生水提升泵站。

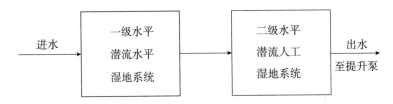

图 6-2　太原市污水回用于汾河水上公园景观水体工程工艺流程

汾河水上公园景观水体工程的再生水景观水质保持技术流程如下。在常规运行下，景观水体通过自身净化以及流经人工曝气充氧设施进行净化；定期（每4个月）向水体的多个断面投入捆绑的大麦秆、砾石、铁网等重物以保持水质稳定。该工程成功解决了再生水景观利用中的藻类控制技术问题，通过选择适宜的抑藻技术，有效地预防和控制了太原市汾河水上公园景观水体的富营养化。

三、造纸企业废水综合处理

（一）造纸废水的来源

造纸行业主要使用纤维素进行造纸，但在蒸煮制浆过程中会产生大量含有木质素和半纤维素的废液，这些废液被视为废弃物直接被排放到环境中，就会形成污染。以麦草为例，制浆厂仅能利用其中40%的纤维素，剩余60%的木质素和半纤维素会被丢弃。这些废液以流体形式被大量排放至水域，对水质造成严重影响。然而，这些废液并非本质上有毒有害，其污染主要是由造纸行业不需要的两种资源（木质素和半纤维素）的排放造成的。若能有效利用这两种资源，其污染自然得以消除。

1. 造纸厂产污流程

现代的造纸程序可分为制浆、调制、抄造、加工等主要步骤。

制浆：制浆为造纸的第一步，一般将木材转变成纸浆的方法有机械制浆法、化学制浆法和半化学制浆法3种。

调制：纸料的调制为造纸的另一重要步骤，纸张完成后的强度、色调、印刷性的优劣、纸张保存期限的长短直接与它有关。一般常见的调制过程大致可分为以下 3 个步骤：①散浆；②打浆；③加胶与充填。

抄造：抄纸部门的主要工作为使稀的纸料均匀地交织和脱水，再对其进行干燥、压光、卷纸、裁切、选别、包装处理。

2. 造纸工艺各工序废水的产生

造纸工业废水的排放量以及废水中污染物的负荷随着原料的种类、生产工艺方法、产品和技术管理水平的不同，存在很大的差异。一般来说，在整个制浆造纸生产过程中，从备料、蒸煮一直到成纸的各个工段都有废水排放，只是每个工段废水排放量和污染物成分、含量有所不同。造纸厂按工序排出三股水：一是制浆蒸煮废液，通称造纸黑液；二是分离黑液后纸浆的洗、选、漂水，也称中段水；三是抄纸机上的白水，白水是可以处理后回用的。中段水是黑液提取不完全所剩下的部分，占总量 10% 以内。黑液中所含的污染物占全厂污染排放总量的 90% 以上。因此，黑液排放是造纸厂污染的主要根源。

（1）黑液。主要产生于煮浆过程，是造纸工业中最重要的一种废水。黑水中含有大量的有机物，主要包括木质素、半纤维素和残留的纤维素等，此外还有少量的矿物质、糖类、酚类等物质。这种废水颜色深，COD 和 BOD 值非常高，若不经处理直接排放，将严重破坏水环境。

（2）白水。产生于纸张成型过程，主要是纸机白水系统循环使用中逸出的废水，也称之为纸机白水。其主要污染物为纸浆纤维和填料，可溶性有机物和添加剂等，其中含有大量的悬浮物和有机污染物。

（3）中段水。主要来自纸浆洗涤、漂白等工段，中段水的主要污染物为有机物、悬浮物、色度处理药剂、氯化物和各类漂白化学品等。这些废水中含有大量的有机物和无机盐，如果未经处理就排放，将对环境造成重大影响。因此，造纸工艺的废水处理非常重要，它既能解决环境污染问题，也能实现废水中资源的回收和再利用。

3. 造纸废水的成分与危害

造纸废水中含有较高浓度的悬浮固体和有机污染物，其中有机污染物主要由不可溶解的有机污染物和可溶解的有机污染物组成，不可溶解的有机污染物通常是主要部分。在处理废水时，清除悬浮固体的同时，大部分的不可溶解有机污染物也会被移除。因此，造纸废水处理的核心问题在于消除悬浮固体和有机污染物。

造纸行业产生的废水特征为排放量庞大，有机污染物种类丰富，纤维悬浮物含量高，含有二价硫和色素，同时伴有硫醇类化合物的难闻气味。

黑水在造纸废水中危害最大，其污染物占了造纸行业总排放污染物的 90% 以上。黑水具有强碱性、深色、重臭味和多泡沫等特点，且大量消耗水中的溶解氧，这些特性使其会对水源环境造成严重的污染，对人类健康构成威胁。而在中段水中，最具污染性的是漂白过程中产生的含氯废水，如氯化漂白废水和次氯酸盐漂白废水等。这些漂白废液中含有极具毒性的致癌物质，对环境和人体健康造成严重危害。

（二）造纸废水的处理方法

1. 物理处理法

（1）吸附法。吸附法利用吸附剂较大的比表面积和吸附能力，从造纸废水中分离有机物。常见的吸附方法有黏土法、粉煤灰法、活性炭法和水解吸附法。其中，活性炭因其去除有机物和消除臭味的能力，在废水处理中被广泛使用。它的一大优点是能被重复使用（可达 30 次甚至更多），且吸附容量不会明显下降。

（2）絮凝法。高分子絮凝剂因其优秀的絮凝、脱色效果和简易的使用方式而受到青睐，主要有合成无机高分子絮凝剂、有机高分子絮凝剂及天然有机高分子絮凝剂三类。通常情况下，分子量越大的絮凝剂，其絮凝活性越高。

（3）电渗析技术。电渗析技术利用电位差和离子交换膜的特性，从溶液中去除或浓缩电解质。在外部直流电场的影响下，黑液中的阴阳离子定向移动，因此阳极区会析出木质素，阴极区会聚集氢氧化钠。将电渗析与传统碱回收系统结合处理造纸黑液，可以回收碱和木质素。

（4）超声波膜。相较于其他膜电解方法，超声波膜电解技术能显著增强造纸废水的处理效果。尽管膜电解在水处理中被广泛应用，但在处理造纸废水时，膜可能被过度污染，因此其实用性会大打折扣。

2. 化学氧化处理法

（1）水热氧化法。水热氧化技术是一种非常有效的新型化学氧化技术，它是在高温高压的操作条件下，在热水箱中用空气或氧气以及其他氧化剂，将造纸废水中的溶解态和悬浮态的有机物或者还原态无机物在热水箱中氧化分解，水热氧化技术的明显特征就是反应在热水箱中进行，所以能耗较高。

（2）光催化氧化。TiO_2因其无毒性、高化学稳定性和高光催化活性，在降解各类有毒、难以生物降解的有机物中得到了广泛应用。研究证明，TiO_2光催化氧化能有效地降解制浆废水中的酚类有机物，且对难降解的有毒有机物（如二噁英）也有很好的降解效果。光催化处理废水方法简单、占地小，并能防止传统处理方法可能带来的二次污染，是具有发展潜力的水处理技术。

（3）高级化学氧化法。当生物处理方法因造纸废水中的有毒和难降解物质的存在而效果受限时，可使用高级化学氧化技术进行处理。

（4）电化学氧化法。电化学氧化技术主要利用光、声、电磁等无毒催化剂处理有机废水，通过电子在电极间的转移来破坏污染物。此方法只在水中进行，无需额外添加催化剂，避免了二次污染。其优点包括强控制性、无选择性、条件温和、低费用，同时具有气浮、絮凝、杀菌作用。而且废水中的金属离子可同时作用于正负极，对于去除难以生化降解和对人类造成极大危害的"三致"有机污染物，该方法效果最佳。

3. 造纸废水的综合处理

（1）厌氧好氧组合处理法。厌氧和好氧组合处理工艺充分利用了厌氧微生物处理高浓度污水和能源回收的优势，以及好氧微生物能快速生长和高效处理水质的特点。

（2）以生物法为主、物化为辅的碱法草浆废水综合治理技术。首先运用物理法（如过滤）预处理，接着以生物法为主要治理方式，显著降低黑液和中段水的有机污染负荷，物理化学法仅作辅助，确保废水可达标排放或可被循环利用。

（3）两相厌氧膜生化系统。采用传统两相厌氧工艺与膜分离技术相结合的两相厌氧膜生化系统，可有效处理造纸黑液废水，平均有机污染物去除率可达73%，且系统具有更高的稳定性。

（三）造纸废水黑液的处理

妥善处理造纸黑液是解决整个造纸工业污染的关键。由于黑液中含有难以被生物降解的木质素和其他有毒物质，因此黑液治理是一个全球性的难题。

目前我国对造纸黑液污染的治理技术可归纳为三类：碱回收技术、物化加生化技术和资源化技术。

碱回收技术是一种成熟的造纸黑液处理方法，并在各地广泛应用。根据不同的工作原理，该技术可分为燃烧法、电渗析法和黑液气化法等。

1. 燃烧法

燃烧法碱回收技术的完整流程分为提取、蒸发、燃烧、苛化-石灰回收四道工序。基本原理是将黑液浓缩后在燃烧炉中进行燃烧，将有机钠盐转化为无机钠盐，然后加入石灰将其苛化为氢氧化钠，以达到回收碱和热能的目的。

2. 电渗析法

电渗析法工艺一般采用循环式流程，黑液通过阳极室循环，稀碱液通过阴极室循环。在直流电场作用下，钠离子通过阳膜进入阴极室，与电解产生的氢氧根结合生成氢氧化钠，在这一过程中碱可以被回收；阳极室黑液由于电解产生氢离子而不断被酸化，到一定程度时，会有大部分木质素沉淀析出。电渗析法碱回收具有工艺过程简单、操作方便、设备投资少、易于自动化等特点。为了进一步提高碱的回收率并降低耗电量，人们需对电极和膜片进行改进。

3.黑液气化法

黑液气化法是一种将造纸黑液转化为可利用能源的技术。在黑液气化过程中，通过高温和压力的作用，黑液中的有机物被分解为气体（包括甲烷、一氧化碳、氢气等可燃气体）和少量的固体产物。这些可燃气体可以用作热能或发电的燃料，具有高热值和低污染排放的特点。同时，黑液气化过程还可以回收和利用黑液中的碱性化学物质，实现资源的再利用。这种技术可以有效减少黑液的废弃率，减少环境污染，并且是提供能源的替代选择。黑液气化法在造纸行业的可持续发展中具有重要的应用前景。

物化加生化技术主要包括以下方法。

1.酸析法

该方法通过向造纸污水中加入酸性物质（如硫酸、盐酸等），使污水中的碱性物质与酸性物质发生中和反应，从而沉淀出大部分固体悬浮物和有机物。这种沉淀物通常称为白泥。白泥可以通过固液分离方法（如沉淀、过滤等）进一步处理和处置。酸析法的优点是操作简单、成本相对较低，并且对污水中的某些有机物具有较好的去除效果。酸析法还可以使废水的 pH 降低到接近中性，有助于后续处理过程的进行。

某造纸厂的酸析法黑液处理工艺流程如图 6-3 所示。

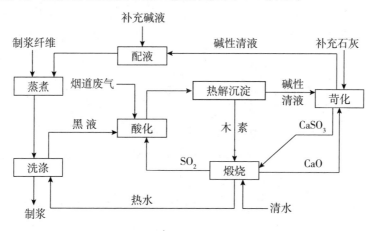

图 6-3　酸析法黑液处理工艺流程

此造纸厂的黑液处理过程中没有额外加酸，而是采用烟道废气和煅烧过程中产生的二氧化硫进行酸化处理。初步研究表明，利用循环过程中产生的二氧化硫酸析剂可中和黑液至 pH 为 4 的状态，这样不仅能降低治理费用，且可达到以废治废的目的。分离出的沉淀为泥土状，经干燥后即可得到较为纯净的木质素。

2.混凝沉淀法

混凝沉淀法的原理是将黑液酸化后，投加絮凝剂沉淀，固液分离后，沉渣作为燃料再焚烧，滤液再经吸附过滤后部分回用于制浆工段，其余的排入中段废水。它利用专一的絮凝剂去除黑液中的硅元素，并用化学反应将木质素、纤维素、半纤维素凝聚沉淀，对上部的清液稀碱可再回用到生产中去。黑液稀碱回收工艺流程如图 6-4 所示。

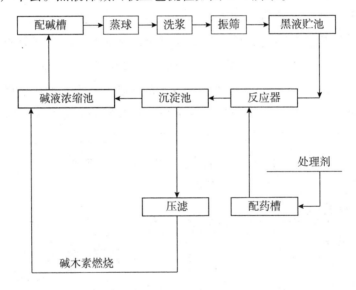

图 6-4　黑液稀碱回收工艺流程

蒸球黑液经洗浆振筛分离，黑液进入黑液贮池，经贮存调节进入反应器。在反应器内加入絮凝剂、化学药剂与黑液反应。絮凝剂、化学药剂总投加量约 3%。当黑液反应完毕后，进入沉淀池进行分离。沉渣选用板框压榨机进行处理，出渣含水率为 60% ～ 70%，渣中主要含半纤维素和木质素、硅酸盐，经自然干化，即可燃烧，具有较高热值，其热值约12.55 kJ/kg（3kcal/kg）；沉淀池清液不能全部被蒸球接纳，可用干渣燃烧法，使浓缩后的清液含碱量提高到10g左右，进入配碱槽替换部分碱，再用于蒸球蒸煮，达到回收部分碱的目的。在该工艺的稀碱回收工段中，每吨黑液所耗药剂费用为4.4元，其他费用0.6元，即综合运行费5元。每吨黑液中可回收碱（折合成纯氢氧化钠）2.5 kg，按现行市场碱价格每千克2元计，2.5 kg碱合5.0元，即处理运行费用与碱回收的价格基本持平。

3. 厌氧生物处理法

对草浆黑液进行预处理后，采用厌氧处理工艺以降低COD_{Cr}并回收部分沼气能量。常用的厌氧流程包括厌氧流化床、上流式厌氧污泥床和厌氧折流板反应器，其COD_{Cr}去除率通常在50%左右。在适当的条件下，可以将造纸黑液与其他废弃物混合处理，实现相互利用和废物减量的效果。

相较于好氧生物法，厌氧工艺在处理高浓度有机废水方面具有独特的优点。它能够以沼气形式回收能源，产生较少的污泥，初步降解复杂有机物，对后续工艺有积极影响。然而，厌氧工艺的主要缺点是对废水中的有毒物质较为敏感，处理效果不够彻底，需要后续工艺来实现废水的达标排放，并且运行管理相对复杂，无法回收碱性物质。针对造纸黑液的综合资源化治理，可以采用相应的技术方案如下：浆液分离→蒸发浓缩（中段进行磺化反应）→喷雾干燥。

（四）造纸废水白水的处理

造纸废水白水中包含溶解物、胶体物和悬浮固体。溶解物和胶体物来源于纤维原料、生产用水以及生产过程中添加的有机和无机添加剂、化学药品。悬浮固形物主要由细小纤维和填料组成。有机物包括木材降解产物和添加剂中的各种聚合物等，而无机物包括金属阳离子和阴离子，如作为填料或涂料加入的碳酸钙、滑石粉、白土、二氧化钛等，以及作为施胶或助留、助滤剂而添加的硫酸铝等物质。

1. 气浮法

气浮法是一种常用的处理造纸废水中的白水的方法。该方法利用气体的浮力和气泡的附着作用，将废水中的悬浮物和胶体物质从液相中分离出来。在气浮法中，废水首先经过预处理，去除大颗粒物质和固体颗粒。然后，将废水注入气浮池，通过注入气体（通常是空气或氮气）产生微小气泡，这些气泡在废水中上升，将悬浮物质和胶体物质带到液面上形成浮渣。浮渣会在液面上形成浮泡，然后通过刮板、旋流分离器等设备收集和排出。清澈的液相则从池底排出或经过进一步处理，以达到排放标准。气浮法处理造纸废水的优点包括处理效果好、操作简单、占地面积小、处理速度快、适用于大流量处理等。然而，对于一些成分特殊的废水和含有高浓度胶体物质的废水，气浮法可能需要与其他处理方法结合使用，以获得更好的处理效果。

2. 射流气浮法

射流气浮法用于处理造纸废水中的白水。高速喷射气体产生的射流效应，可使废水中的悬浮物和胶体物质与气泡迅速混合并上升至液面，形成浮渣。该方法具有高效处理、节能环保等优点。

3. 超效浅层气浮法

该方法通过将废水引入浅层气浮池，利用气体的浮力和气泡的附着作用，将废水中的悬浮物、胶体物质和溶解性物质从液相中分离出来。在超效浅层气浮法中，废水经过预处理，去除大颗粒物质和固体颗粒。然后，将废水平缓地注入气浮池，在池内注入气体产生微小气泡，并通过底部导流装置使气泡均匀分布在废水中。气泡与废水中的悬浮物和胶体物质发生接触并附着其上，形成浮渣，并在浮渣层上部形成浮泡。通过刮泥器或其他收集装置，人们可以将浮渣和浮泡一起去除。超效浅层气浮法具有处理效果好、占地面积小、操作简单、处理速度快等优点。它能有效去除废水中的固体悬浮物和胶体物质，提高水质净化效果，满足环境排放标准。

4. 生化法

生化法也是一种常用于处理造纸废水中的白水的有效技术。该方法利用生物微生物的代谢能力和活性，将废水中的有机物通过生化反应分解为水和二氧化碳等无害物质。在生化法处理中，废水经过预处理，去除大颗粒物质和固体颗粒。然后，将废水引入生化池中，池内存在着大量的微生物菌群，包括好氧和厌氧微生物。在好氧区域，好氧微生物通过呼吸代谢将有机物氧化为无害物质。在厌氧区域，厌氧微生物将有机物进一步分解产生沼气等有用能源。通过合理控制生化池的运行条件，如温度、氧气供给、pH 等，人们可以促进微生物的生长和代谢活性，提高有机物降解效率。

（五）造纸废水的综合处理实例

1. 工程概况

某公司以废纸为原料，生产高强瓦楞纸。该企业通过对造纸工艺进行技术改造和分工序实施水封闭循环，使吨纸耗水量逐年下降，并采用内循环厌氧反应器 / 好氧活性污泥法处理废纸造纸废水，使出水水质达到企业生产的回用水水质要求，实现了"零排放"。工程投产后不仅节约了水资源，而且为企业创造了一定的经济效益。

废纸造纸的废水污染物量相对于用原生植物纤维制浆造纸要少，但有机污染物、悬浮固体含量的浓度仍然较高。工程设计规模为 6000m³/d，废水主要来自制浆和造纸车间。根据生产的需要，对处理出水中悬浮固体含量和 BOD_5 的要求较为严格。设计进、出水水质如表 6-2 所示。

表6-2　设计进、出水水质

项目	COD（mg/L）	BOD_5（mg/L）	SS（mg/L）	pH
进水	5000	2000	2000	6～9
出水	1000	30	100	6～9

2.处理工艺

改造后的废水处理工艺流程如图6-5所示。

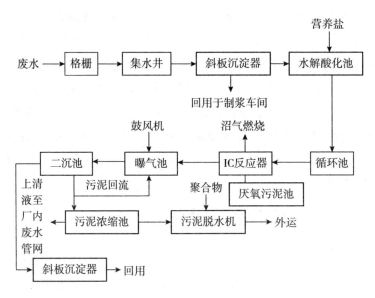

图6-5 改造后的废水处理工艺流程

造纸车间排水，污水经白水沟的机械格栅被去除大的固形物后，由泵提升到异向流斜板沉淀器进行纤维回收，下部高浓度废水被送到破浆机，上清液流入水解酸化池。水解酸化池出水经循环池由泵提升至IC反应器进行厌氧生化反应。由于造纸废水缺乏氮、磷元素，故在水解酸化池中加入营养盐（尿素和磷酸氢二铵）。IC反应器出水以水重力流方式，污水进入曝气池进行好氧生化反应。好氧池出水经二沉池泥水分离后进入回用水池，供纸机生产用水。二沉池的污泥用泵排至污泥浓缩池进行浓缩，之后进入带式压滤机进行脱水处置。

3.主要处理单元设计

（1）机械格栅与集水井。格栅宽为800 mm，栅条间隙为5 mm，功率为1.1 kW。集水井直径为20 m，深为4 m，设提升泵2台（1用1备），Q（流量）=400 m³/h，H（压力）=280 kPa，N（功率）=37 kW。

（2）斜板沉淀器。上清液设计流量为6000 m³/d。每台斜板沉淀器的面积为 20 m²，共 4 台（新建 3 台，利旧 1 台）。

（3）水解酸化池。水解酸化池的有效容积为 1332 m³，停留时间为5.3h。废水在水解酸化池中达到 30% 的预酸化度，满足 IC 反应器的进水要求。同时需在水解酸化池中投加生化反应所需要的营养盐。

（4）IC 反应器。IC 反应器具有自调节的气提内循环结构，循环废水与原水混合可稀释进水浓度。内循环所带来的能量可使泥水在底部混合得更加充分，从而提高了污泥活性。与开流式厌氧污泥床相比，IC 反应器具有更强的抗冲击负荷能力。

（5）曝气池。曝气池长为 16 m、宽为 10 m、深为 4.8 m，共 4座，总有效容积为 280 m³。曝气池水力停留时间为 11.2 h，容积负荷为 3.2 kgCOD/(m³·d)。曝气池供氧利用的是原有的罗茨鼓风机（3台），其中一台 Q（流量）=23.04 m³/min、P（压力）=49 kPa、N（功率）=30 kW；另一台 Q=50.4 m/min、P=49 kPa、N=75 kW；还有一台Q=11.5 m³/min、P=49 kPa、N=18.5 kW。

（6）二沉池。采用辐流式沉淀池，直径为 25 m，池深为 3.6 m，表面负荷为 0.5 m³/（m²·h）。池内设半桥式刮泥机 1 台，功率为 2.2 kW。污泥回流井内设污泥回流泵 2 台，1 台使用，另外 1 台备用，Q=280 m³/h，H= 160 kPa，N= 18.5 kW。二沉池出水进入回用水池再回用于生产。回用水池 2 座，1 座新建，1 座利旧，总有效容积为 1000 m³。

（7）污泥处理系统。污泥浓缩池利用原污泥浓缩池，直径为 3 m，高为 5 m。污泥脱水利用原污泥脱水系统，带式压滤机的带宽为 1 m。

参考文献

[1] 高娟. 生态文明与水资源管理实践 [M]. 上海: 上海科学技术文献出版社, 2021.

[2] 王晓莉. 我国农业水资源管理与农民集体行动 [M]. 北京: 新华出版社, 2021.

[3] 易津湘. 污水处理 [M]. 北京: 中国铁道出版社, 2016.

[4] 李道进, 郭瑛, 刘长松. 环境保护与污水处理技术研究 [M]. 北京: 文化发展出版社, 2020.

[5] 徐功娣, 张百慧, 王英伟, 等. 环境工程施工技术 [M]. 哈尔滨: 哈尔滨工业大学出版社, 2022.

[6] 蒋展鹏. 环境工程学 [M]. 北京: 高等教育出版社, 2005.

[7] 韩伟朋, 杨庆, 刘秀红, 等. 污水处理厂中的微塑料来源研究进展 [J]. 净水技术, 2023, 42（4）: 23-30, 150.

[8] 蔡鑫. 微生物在污水处理中的应用研究 [J]. 工业微生物, 2023, 53（2）: 37-39.

[9] 谭运才. 污水处理厂设备运行的管理及维护策略探究 [J]. 中国设备工程, 2023（8）: 53-55.

[10] 罗均, 张敏骏, 黄红旗, 等. 市政污水处理厂节能降耗途径分析 [J]. 天津科技, 2023, 50（4）: 115-118.

[11] 王洪涛. 全球水危机警钟再响, 水资源管理该去向何处？[J]. 可持续发

展经济导刊，2023（4）：37-39.

[12] 王继良. 环境保护视域下计算机模拟和控制技术对污水处理的促进 [J]. 环境工程，2023，41（4）：241.

[13] 刘智慧，张泽乾，罗凯. 高速公路服务区污水处理站全过程碳排放特征和碳减排模式研究 [J]. 公路，2023，68（4）：370-376.

[14] 田淑霞. 生态环境保护工程中污水处理技术应用 [J]. 山西化工，2023，43（3）：235-236，263.

[15] 叶乾，石亚庆，王靖剑. 环保监测与污水处理技术研究及展望 [J]. 皮革制作与环保科技，2023，4（6）：24-26.

[16] 刘鑫. 小城镇污水处理技术与管理探析 [J]. 工程建设与设计，2023（6）：80-82.

[17] 黄鹏. 环境工程中的城市污水处理工艺研究 [J]. 城市建设理论研究（电子版），2023（9）：127-129.

[18] 钱康. 环境工程中城市污水处理技术运用研究 [J]. 城市建设理论研究（电子版），2023（9）：130-132.

[19] 李建荣，刘烊稳，罗桂林，等. 电催化电极材料制备及应用于污水处理的探讨 [J]. 广东化工，2023，50（5）：139-140，154.

[20] 荆飞. 磁混凝沉淀技术在污水处理工艺提标改造中的运用分析 [J]. 皮革制作与环保科技，2023，4（5）：5-7.

[21] 周继，朱永斌，刘一鸣. 污水处理低碳技术的现状与评价 [J]. 皮革制作与环保科技，2023，4（4）：185-187.

[22] 吴志龙. 农村生活污水处理现状及模式选择 [J]. 山西化工，2023，43（2）：214-216.

[23] 边文辉. 坚持综合施策强化刚性约束着力构建现代化水资源管理新格局 [J]. 河北水利，2023（2）：12-15.

[24] 孙文刚，孙文博. 城市污水处理厂精细化设计的关键因素探讨 [J]. 资源

节约与环保，2023（2）：109-112.

[25] 曹琦. 环境工程中城市污水处理技术的应用优化 [J]. 低碳世界，2023，13（2）：37-39.

[26] 陶燕江，祁彦青. 生态环保污水处理技术研究 [J]. 工业微生物，2023，53（1）：58-60.

[27] 刘合建，吴卫海，王旭东. 污水处理中污泥资源化的利用途径 [J]. 清洗世界，2023，39（2）：50-52.

[28] 戴力. 污水处理中技术创新与节能降耗研究 [J]. 皮革制作与环保科技，2023，4（3）：10-12.

[29] 金硕. 质量管理与控制在污水处理水质化验中的应用 [J]. 皮革制作与环保科技，2023，4（3）：135-137.

[30] 张昊. 农村污水处理设施运行维护管理建议 [J]. 大众标准化，2023（3）：85-87.

[31] 赵建芳，何林钰. 污水处理在环境保护工程中的应用研究 [J]. 清洗世界，2023，39（1）：122-124.

[32] 梁昊. 油田污水处理水质影响因素及改善对策探讨 [J]. 清洗世界，2023，39（1）：134-136.

[33] 刘成鹏. 污水处理厂节能降耗的有效措施分析 [J]. 清洗世界，2023，39（1）：137-139.

[34] 仇海柱. 污水处理机械设备的探究 [J]. 现代工业经济和信息化，2023，13（1）：175-176.

[35] 陈然. 马尾新城污水处理厂深度处理工艺研究 [J]. 福建建设科技，2023（1）：135-138.

[36] 檀海洋，梅成喜，戴贤良，等. 村镇污水处理系统运行管理研究 [J]. 乡村科技，2023，14（1）：115-117.

[37] 郭兆峰. 市政给排水工程污水处理水平提高技术 [J]. 中国高新科技，

2023（1）：79-80，94.

[38] 张慕诗，林珍红，苏宁子. 循环排水污水处理工艺优化技术分析 [J]. 天津化工，2022，36（6）：96-98.

[39] 卜莹莹. 污水处理碳排放减排模式研究 [J]. 皮革制作与环保科技，2022，3（24）：19-21.

[40] 陆干. 环保工程污水处理思路及方法研究 [J]. 皮革制作与环保科技，2022，3（24）：110-112.

[41] 平梓彦，吴林锋，常露. 水资源管理信息化建设探讨 [J]. 江苏水利，2022（增刊2）：69-71.

[42] 陈维希，丁丽萍. 污水处理厂成本控制探析 [J]. 合作经济与科技，2023（1）：114-116.

[43] 常青. 污水处理设备自动控制分析 [J]. 能源与节能，2022（12）：142-144.

[44] 王键. 污水处理技术在市政给排水工程中的有效运用 [J]. 工程技术研究，2022，7（24）：33-35.

[45] 杜艳丽. 基于物联网技术的污水处理厂消防安全监管系统 [J]. 现代职业安全，2022（12）：78-80.

[46] 庄姗姗. 城镇污水处理厂节能技术及对策研究 [J]. 皮革制作与环保科技，2022，3（23）：99-101.

[47] 吕丽梅. 基于《水资源管理法律问题研究》探讨水资源管理制度的法律维度阐释 [J]. 人民黄河，2022，44（12）：168.

[48] 张旭. 环境工程中的城市污水处理分析 [J]. 清洗世界，2022，38（11）：164-166.

[49] 张雯. 环保工程的污水处理问题探析 [J]. 清洗世界，2022，38（11）：84-86.

[50] 张智峰，张丽娟. 城市污水处理在环境保护工程中的实施途径 [J]. 资源

节约与环保，2022（11）：86-89.

[51] 黄琪. 环保工程的污水处理问题分析 [J]. 资源节约与环保，2022（11）：98-101.

[52] 王雪红，殷鹏远，张钊，等. 长江南京段企业取用水资源管理的研究与思考 [J]. 地下水，2022，44（6）：216-217.

[53] 刘涛，闫霞亮，许幅英. 浅议生态环境保护中污水处理技术的应用 [J]. 皮革制作与环保科技，2022，3（21）：10-12.